Juterson PHANORD
Brunet ROBERT

O impacto socioeconómico e ambiental da compostagem

Juterson PHANORD
Brunet ROBERT

O impacto socioeconómico e ambiental da compostagem

Análise dos impactos socioeconómicos e ambientais do fabrico de composto, o caso do HCB

ScienciaScripts

Cover image: www.ingimage.com

This book is a translation from the original published under ISBN 978-620-6-73077-4.

Publisher:
Sciencia Scripts
is a trademark of
Dodo Books Indian Ocean Ltd. and OmniScriptum S.R.L publishing group

120 High Road, East Finchley, London, N2 9ED, United Kingdom
Str. Armeneasca 28/1, office 1, Chisinau MD-2012, Republic of Moldova, Europe
Managing Directors: Ieva Konstantinova, Victoria Ursu
info@omniscriptum.com

Printed at: see last page
ISBN: 978-620-8-64740-7

RESUMO

A proteção do ambiente e a melhoria sustentável da agricultura constituem, desde há algum tempo, um desafio para os seus tratadores. Sobretudo na zona de cruzamento dos pais, os métodos de gestão dos resíduos e a utilização de fertilizantes orgânicos estão a ser negligenciados. Esta situação provoca graves problemas de saúde e baixos rendimentos agrícolas devido à poluição dos solos. Estes problemas levaram-nos a analisar os impactos socioeconómicos e ambientais da produção de composto pela Haiti Compost Business (HCB), a fim de compreender melhor o fenómeno da recolha de resíduos e da compostagem, e de analisar os efeitos da HCB na zona do Carrefour des Pères.

Para atingir o objetivo fixado, a metodologia inclui: pesquisa bibliográfica e na Internet, inquéritos de campo, dados, tratamento e análise de dados.

Os resultados obtidos mostram que os resíduos são classificados em resíduos não biodegradáveis e resíduos biodegradáveis compostáveis. **26** proprietários **(86,66%)** têm conhecimentos sobre a gestão e os efeitos dos resíduos para aqueles que conhecem a HCB (Categoria 1) e **16 (80%)** para aqueles que não conhecem (Categoria 2). Na sua maioria, **23 (76%)** para a categoria 1 e **12 (60%)** para a categoria 2, têm interesse ambiental na atividade da HCB. A empresa forneceu acções de formação e produtos alimentares a **18 (60%)** agregados familiares da zona. A produção de composto da HCB para os quatro anos de estudo é de **80.000 libras**. O processo de decomposição abrandou por: falta de manutenção, demasiada exposição ao sol e matéria espessa. É acelerado pela fermentação, pelo desvio e rega regulares, pela utilização de materiais finos e pelo arejamento. O composto atinge a temperatura máxima no $^{100^\circ}$ dia a **73,88 °C** e amadurece a **26,66** °C em cerca de 130 dias. As análises mostram que o composto contém 224,17 kg/ha de nitrogénio, 112,08 kg/ha de fósforo e 448,34 kg/ha de potássio. E 1 grama de composto contém **54.144 bactérias** e **534 fungos**. E de acordo com os utilizadores deste composto Antes de utilizar o composto, **5** utilizadores não estavam satisfeitos, **5** estavam satisfeitos e nenhum estava muito satisfeito. Após a utilização; **1** não satisfeito, **6** satisfeitos e **3 (30%)** muito satisfeitos. Com base nestes resultados, a hipótese 2 é confirmada. Assim, são feitas recomendações à própria empresa (HCB), a outras instituições similares, aos agrónomos e técnicos, aos habitantes e às autoridades estatais da zona.

Palavras-chave: Resíduos, compostagem, doméstico, fertilizante, biodegradável, matéria orgânica.

OBRIGADO

Acima de tudo, gostaria de agradecer a Deus, que é o grande arquiteto do universo, pela saúde, força, coragem, compreensão e inteligência que me concedeu ao longo destes 5 anos de estudo e durante a realização deste trabalho científico.

Os meus agradecimentos especiais vão também para o meu supervisor Ing. Agr. PhD© Brunet ROBERT, que trabalhou arduamente para me orientar na realização deste trabalho científico.

Não tenho palavras suficientes para agradecer a uma camada que é muito importante na minha vida. Estou a falar dos meus pais e dos meus irmãos e irmãs da PHANORD. Eles sacrificaram as suas vidas desde o momento em que nasci até agora para garantir o meu sucesso. Muito obrigado.

Gostaria também de expressar a minha gratidão aos meus conselheiros científicos: Ing. Agr. D. estudante Michelin SAINTILUS, Ing. Agr. Msc. Guy MATHIIEU, Ing. Agr. Msc. Alexandre Wilkens, Ing. Agr. Msc. Alusma GERALD e Ing. Agr. Msc. Soniel MERCIUS.

Gostaria também de agradecer ao corpo docente da Faculdade de Agronomia da Université Chrétienne du Nord d'Haïti pela sua contribuição para a minha formação profissional e académica durante os 5 anos dos meus estudos.

Este trabalho não teria sido possível sem o apoio incondicional do Ing. Agr. Samuel DELPHIN, Valery Youbency NARCIUS, Ing. Agr. Pootchy Jasmin BELIZAIRE, Luckendy ELIE, Abdias TOUSSAINT, Fedaud AUGUSTIN, John Hriskyves LAGUERRE, Ritchy MICHEL, Alberto MENARD J., Jamescy FLERELEAU, Anderson MATHIEU, Ing. Agr. Jonas EXI.

Através deste documento, gostaria de expressar a minha profunda gratidão aos meus colegas de turma (Promoção Hector FABIEN II, 2017-2021) e a outros amigos pela ajuda adicional, como: conselhos, orações, apoio moral e físico, etc. Posso mencionar: Nerlune ST PHARD, Michelda JEAN, Chedeline JULIEN, Jose II Abraham JEAN PIERRE. Gostaria também de agradecer a Pasteur Josier ROMELUS e Pasteur Bobanoit LUCCEUS pelo seu apoio financeiro ao longo dos meus estudos.

A listagem dos nomes de todos os que contribuíram para este trabalho está numa condição enigmática, a lista nunca iria terminar neste sentido. Por isso, gostaria de agradecer a todos aqueles que, de uma forma ou de outra, contribuíram para que este trabalho não fosse em vão.

Já me esqueci de todos, por isso, muito obrigado.

DEDICAÇÃO

Este documento é dedicado a :

- *Ao meu pai Ovid PHANORD e à minha falecida mãe Julienne Alieux*
- *Aos meus irmãos e irmãs: Overtha, Wedmy, Nermy, Kennsly, Elmane e Elmania PHANORD*
- *Haiti Compost Business (HCB), em especial o diretor executivo Hovard GUERRIER*
- *A todos os meus colegas da turma de licenciados da FA-UCNH Hector FABIEN II (2017-2021)*

ÍNDICE DE CONTEÚDOS

CAPÍTULO I
INTRODUÇÃO

1.1 Geral

Desde o início dos anos 90, a proteção do ambiente tornou-se uma preocupação colectiva. A questão dos resíduos é quotidiana e afecta todos, tanto no trabalho como em casa. A gestão dos resíduos parece ser sobretudo uma questão de organização e de otimização de técnicas já conhecidas e cujos efeitos sobre o ambiente estão aparentemente controlados. Por conseguinte, é vista menos como uma questão ambiental importante do que como uma questão económica e de gestão. Devido à sua importância, uma gestão correta dos resíduos é um dos melhores meios de luta contra as doenças humanas graves e um dos meios de melhorar a produção agrícola (Elhafiane S., 2012).

A nível mundial, a humanidade produz anualmente quase 2 mil milhões de toneladas de resíduos sólidos urbanos (Tristan G., 2022). Estudos realizados nos Estados Unidos, na Alemanha e em Israel mostraram que o sumo de composto pode ser utilizado para combater certos fungos e doenças das plantas, nomeadamente na agricultura biológica. Na Tunísia, os trabalhos de compostagem começaram em 2002 e só envolveram determinadas matérias orgânicas (Ben R., 2002).

De acordo com os dados de 2010 da Agência Francesa para a Transição Ecológica, foram produzidos 2,1 milhões de toneladas de composto a nível mundial (ADEME, 2010). Em geral, cerca de 6 milhões de toneladas de resíduos são transformados anualmente para produzir 1,8 milhões de toneladas de composto em todo o mundo (TICHADOU L., 2014). Em 2011, 6,6 milhões de hectares de culturas arvenses e de prados em quase todas as regiões foram utilizados para espalhar resíduos de fertilizantes. No total, mais de 25 % das superfícies de culturas arvenses (nomeadamente milho, trigo mole e colza) e cerca de 30 % das superfícies de prados foram objeto de aplicação de Mafor nesse ano; 94 % eram estrume animal, sendo os restantes 6 % provenientes da indústria da beterraba, de compostos urbanos e de lamas de depuração urbanas ou industriais (ibid).

Com o crescimento demográfico e a urbanização nos países em desenvolvimento, a quantidade de resíduos urbanos produzidos não pára de aumentar, o que constitui uma grande preocupação para as autoridades locais e para os habitantes, cada vez mais conscientes dos riscos associados. Foram lançadas várias iniciativas de compostagem nas cidades dos países em desenvolvimento, uma vez que a compostagem é uma forma interessante de tratar a fração orgânica dos resíduos domésticos. A compostagem é uma forma interessante de tratar a fração orgânica dos resíduos domésticos, permitindo também converter estes materiais orgânicos em fertilizantes. Existe uma grande variedade de tecnologias, métodos e experiências de compostagem nos países em desenvolvimento. O desafio consiste em definir a técnica mais adequada em pequena, média e grande escala, tendo em conta os aspectos sociais e económicos locais (PAPA M. D., 2021). De acordo com um inquérito realizado junto dos intervenientes no diagnóstico preliminar do sistema GDS (Gisements des Déchets Solides) em 3 grandes cidades/regiões do país, nomeadamente Port-au-Prince, Cap-Haitien e Les Cayes, a fração fermentável dos resíduos existentes no Haiti representa em média cerca de 65% (Philippe F., 2009). Os restantes 35% são constituídos por outros materiais como o vidro, o metal, o plástico, o papel/cartão e outros. Consequentemente, os resíduos sólidos são geridos no Haiti pelo Comité Interministériel d'Aménagement du Territoire (CIAT), seguindo uma política nacional de resíduos sólidos que não é tão eficaz como se esperava. Os resíduos sólidos representam 900.000 toneladas/ano em Port-au-Prince, 80.700 toneladas/ano em Cap-Haitien e 7.800 toneladas/ano em Les Cayes (ibid). Na zona do Carrefour des Pères, a valorização da agricultura e a utilização de produtos naturais são muito importantes para aumentar a produção agrícola. Incentivar os agricultores no sector agrícola é uma prioridade, porque as terras agrícolas estão a ser abandonadas e as condições de vida dos agricultores são realmente vulneráveis em termos económicos, sociais e ambientais devido à falta de sensibilização (Enquête informelle, 2021). A Haiti Compost Business (HCB) opera, portanto, nesta zona desde 2016 no sistema de recolha de resíduos e de compostagem, cujo objetivo é promover a reciclagem através da utilização de resíduos e valorizar a utilização de produtos naturais nas actividades agrícolas. Assim, torna-se importante uma análise do impacto socioeconómico e ambiental da produção de composto pela Haiti Compost Business (HCB) na zona, de forma a compreender melhor os seus resultados.

1.2 Questões

Com o crescimento da população, o aumento dos resíduos sólidos é um constrangimento que pesa fortemente nos objectivos sociais e económicos do governo haitiano. Os desafios são grandes e as necessidades técnicas e institucionais são significativas (MTPTC, 2010). São numerosos os problemas que se colocam em todo o país em matéria de resíduos, de impacto dos adubos químicos de síntese na saúde humana e no ambiente, de redução e de ineficácia dos produtos agrícolas. Os materiais Poluentes químicos (adubos químicos de síntese, pesticidas, etc.) utilizados na agricultura são um instrumento diabólico e inútil que sobrecarrega a saúde humana e o ambiente e acelera a tendência para expulsar os pequenos agricultores do mercado, aumentando assim a pobreza nas zonas rurais (Dr. Gerd F., 2000). Consequentemente, foram identificados vários outros problemas importantes, como se segue:

1.2.1 Em termos sociais

A utilização de produtos químicos sintéticos como fertilizantes é um meio de obter mais colheitas num determinado período de tempo, mas estes produzem produtos cancerígenos após a colheita. Dos 2,3 mil milhões de toneladas de produtos químicos sintéticos produzidos pelo homem todos os anos, apenas alguns milhares foram testados quanto à sua toxicidade para os seres humanos ou outros organismos. A empresa Hooker Chemical Company de Nova Iorque, nos Estados Unidos, elimina ilegalmente 21 000 toneladas de produtos químicos perigosos e cancerígenos (Niagara F., 1978). Consequentemente, as autoridades estatais não dispõem de meios para informar as pessoas sobre os métodos de recolha de resíduos e de compostagem (inquérito informal, 2021). Atualmente, a esperança de vida humana diminui instantaneamente devido ao consumo de produtos químicos, o que reduz consideravelmente o ambiente social. Em geral, o Haiti gera uma grande quantidade de resíduos orgânicos sem que sejam tomadas medidas para os transformar. Deve-se notar que a Haiti Compost Business também está envolvida em actividades sociais, formando agricultores em gestão de resíduos (HCB, 2019).

O impacto do trabalho desenvolvido pela Haiti Compost Business é sentido por algumas das pessoas da zona, quer através da integração direta no sistema, quer através de formação em pequena escala. Por exemplo, a HCB tem um programa chamado "Okap, lakayan'm pi pwòp", que visa sensibilizar as pessoas para a recolha de resíduos nas suas casas, e outro programa chamado "Okap, lakayan'm pi pwòp", que visa sensibilizar as pessoas para a recolha de resíduos nas suas casas. "Jaden lekòl", para crianças locais, com o objetivo de fazer compostagem e jardinagem (HCB, 2019).

1.2.2 Na frente económica

O consumo anual de fertilizantes azotados no Haiti é de cerca de 7670 toneladas (Benjamin J, 2019). O nível de degradação dos solos está a aumentar consideravelmente. A poluição dos solos deve-se frequentemente a antigas indústrias que libertavam poluentes nos seus terrenos de exploração ou à utilização agrícola de fertilizantes e pesticidas. A má utilização das terras e a gestão da agricultura sem a necessidade de restabelecer a cobertura do solo conduziram à degradação gradual e à redução da fertilidade do solo, a base da produção agrícola. Os fertilizantes químicos sintéticos continuam a ser uma forma perigosa de poluição agrícola que reduz automaticamente o rendimento das culturas e afecta as necessidades económicas dos agricultores (Delphine B., 2014). No entanto, muitas terras agrícolas são negligenciadas e frequentemente substituídas por construção. Todos estes problemas têm um grande impacto na economia da população-alvo (Enquête informelle, 2021).

1.2.3 No domínio do ambiente

Os resíduos não geridos causam grandes problemas à saúde humana. Podem causar envenenamento químico através da inalação de produtos. Os resíduos não recolhidos podem obstruir o escoamento das águas pluviais, provocando baixo peso à nascença, cancro, malformações congénitas, doenças neurológicas, náuseas e vómitos. Pode também registar-se um aumento da hospitalização de residentes diabéticos que vivem perto de locais de resíduos perigosos (HCB, 2018).

De acordo com um artigo publicado por Delphine Bossy no grupo Futura, os adubos químicos são responsáveis por uma poluição maciça dos solos, mas são sobretudo a principal causa da poluição das águas subterrâneas, principal reservatório de água potável, que afecta a saúde humana. Em consequência da poluição dos resíduos e das descargas ilegais, ocorre um fenómeno conhecido como lixiviação, ou seja, um processo pelo qual os resíduos sólidos penetram no solo e nas águas subterrâneas para os contaminar (Delphine B., 2014).

1.3 Justificação

O desenvolvimento de uma estratégia para a formulação de uma política de gestão integrada de resíduos no Haiti implica a necessidade de ter em conta a situação socioeconómica e ambiental atual e de a projetar para o futuro. A nível social, as autoridades e outros organismos competentes não estão envolvidos na formação da população em matéria de gestão de resíduos. Do ponto de vista económico, as terras agrícolas são poluídas por resíduos e substituídas por construção, o que reduz a economia da zona. Do ponto de vista ambiental, os resíduos não geridos e os fertilizantes químicos poluem os solos, causando problemas de saúde. As actividades associadas a um processo ótimo de gestão de resíduos (Florian W., 2015) são, portanto, a gestão de resíduos na fonte, a reutilização, a reciclagem, bem como a recuperação e a eliminação segura). Para aumentar a produção agrícola sem afetar a saúde humana ou o ambiente, a Haiti Compost Business (HCB) está a começar a compostar os resíduos que recolhe. Neste caso, quais são os diferentes meios e métodos utilizados pela Haiti Compost Business para recolher os resíduos acima referidos? Que impacto teve o trabalho efectuado pela HCB nos habitantes da zona do Carrefour des Pères? O método e os materiais orgânicos utilizados para a compostagem podem influenciar a duração do processo e o desempenho agronómico da compostagem? Com o objetivo de expor todos os problemas acima mencionados, que são objeto de vários estudos, propomos fazer uma análise dos resultados desses estudos.

"Análise dos impactos socioeconómicos e ambientais da produção de composto, caso da Haiti Compost Business (HCB) na área do carrefour des pères, 3ª secção comunal Génipailler, comuna de Milot durante o ano de 2018 a 2021."

1.4 Objectivos

Para alcançar os resultados esperados deste trabalho, estabelecemos vários objectivos, que podem ser divididos em objectivos gerais e específicos.

1.4.1 Objetivo geral

O objetivo deste projeto é analisar os impactos socioeconómicos e ambientais da produção de composto pela Haiti Compost Business (HCB), a fim de compreender melhor o fenómeno da recolha de resíduos e da compostagem, e analisar os efeitos da HCB na zona do Carrefour des Pères, na 3ª secção comunal de Génipailler.

1.4.2 Objectivos específicos

- Apresentar a instituição de estudo (Haiti Compost Business) na zona do Carrefour des Pères

durante 2018-2021;

- Categorizar os resíduos recolhidos nos mercados, nos lares e nos restaurantes da zona de 2018 a 2021;
- Analisar os aspectos socioeconómicos deste sistema de compostagem realizado pela HCB na zona de 2018 a 2021;
- Descrever os parâmetros de decomposição do sistema de compostagem (temperatura, pH, arejamento) na área de estudo de 2018 a 2021;
- Realização de análises laboratoriais para identificar a composição química e

microbiológica do composto produzido pela Haiti Compost Business (HCB) na zona de Carrefour des Pères em 2021;

- a apreciação deste composto pelos utilizadores em 2018-2021.

1.5 Pressupostos

H1: os insumos orgânicos e o método utilizado pela Haiti Compost Business podem influenciar o desempenho agronómico da compostagem e a duração do processo.

H2: O processamento de resíduos orgânicos pela HCB pode ter um impacto social, económico e ambiental na área de estudo.

1.6 Interesse do estudo

Enquanto estudante licenciado no domínio agrícola, esta investigação tem um aspeto académico que me permitirá obter o meu diploma de bacharel em ciências agronómicas. Permitir-me-á também adquirir novos conhecimentos sobre o tema da investigação para compreender como agir face aos graves problemas que existem na nossa sociedade, nomeadamente no domínio da agricultura e da saúde humana. Permitirá igualmente à população da zona do Carrefour des Pères compreender o sistema de compostagem através da gestão correta dos resíduos orgânicos, a aplicação do composto nos sistemas agrícolas, a proteção da saúde humana através da gestão correta destes resíduos e as diferentes razões para evitar a utilização de adubos químicos, substituindo o composto por materiais puramente orgânicos.

1.7 Limitações do estudo

Durante as várias etapas de realização deste estudo, houve uma série de constrangimentos que nos impediram de trabalhar de acordo com o calendário e de tornar o trabalho o mais eficiente possível:

o A indisponibilidade de combustível no país, que impede a circulação e atrasa o processo de estudo.

o A dificuldade de encontrar os dados necessários junto das instituições ou organismos envolvidos na apresentação da área e o facto de este trabalho ser talvez o primeiro trabalho científico a ser realizado na área.

CAPÍTULO II
REVISÃO DA LITERATURA

Este trabalho, que consiste numa análise aprofundada dos conceitos de recolha de resíduos e de sistema de compostagem, é muito vasto e requer uma pesquisa de trabalhos já realizados sobre estes temas. Dada a complexidade deste estudo, foi necessário dividi-lo em várias partes para que todos os termos fossem corretamente abordados. Por conseguinte, este capítulo complexo está dividido em três secções principais:

2.1 ENQUADRAMENTO FÍSICO - Apresentação da zona de estudo

Esta secção apresenta as várias apresentações físicas do estudo. Dado que o estudo foi realizado numa instituição muito especial, localizada numa área específica, foi necessário apresentar o espaço de trabalho para dar uma imagem clara do estudo. Assim, apresentamos a área de estudo.

Figura 2-1: Localização do município de Milot

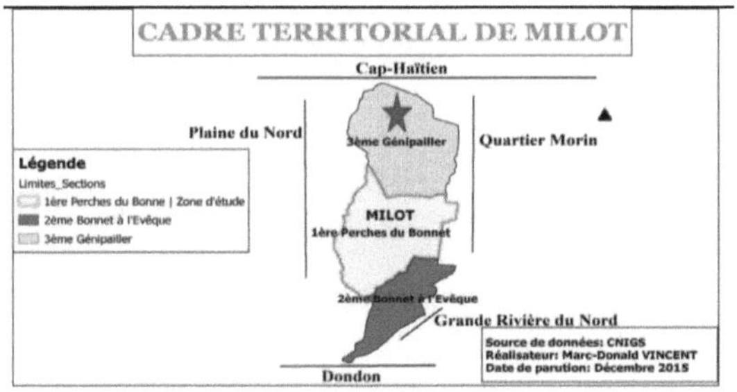

Fonte :CNIGS
Marc-Donald V., 2015

2.1.1 Executivo territorial do município de Milot

A cidade de Milot foi fundada pelo rei Henrique Christophe em 1805. É a capital do império do rei Henrique Christophe, onde ele construiu a sua igreja, o seu palácio e a sua cidadela (Fils Aimé e Hyppolite, 2009). O município de Milot está situado entre a latitude 19° 36' 32"N e a longitude 72° 145"N. longitude oeste, com uma altitude de 105 m e uma superfície de 71,64 m^2. A cidade de Milot é contígua ao sítio do património nacional Citadelle Henry, o único sítio das Caraíbas a ser classificado como património mundial da UNESCO. UNESCO (1982). A comuna de Milot faz fronteira a norte com a comuna de Cap-Haïtien (município de Cap-Haïtien), a sul com a comuna de Dondon (município de Saint-Raphaël), a leste com as comunas de Quartier-Morin (município de Cap-Haïtien) e Grande-Rivière-du-Nord (município de Grande-Rivière-du-Nord) e a oeste com a comuna de Plaine-du-Nord.

(Concelho de Acul-du- Nord). (IBI/DAA, MPCE, UNDP, 2013). Compreende as três secções municipais seguintes: 1ère Perches-de-Bonnet, 2ème Bonnet-à-l 'Evêque, 3ème Génipailler. A santa padroeira da comuna é a Virgem Imaculada. No entanto, é na terceira secção da comuna, denominada Génipailler, que se realiza o presente estudo, e esta zona será apresentada nas linhas seguintes.

2.1.1.1 Secção comunal Génipailler

Génipailler é a terceira maior comuna de Milot, com uma população de 8 586 habitantes, dos quais cerca de 80% vivem em meio rural e quase 50% têm menos de 18 anos. Situada numa planície, Génipailler é a secção comunal da zona dos "pais" que apresenta o menor risco de catástrofes naturais ou de riscos climáticos. Esta zona, essencialmente agrícola, produz muito pouco e é muito mal servida: ausência de poços artesianos, de água potável, de fontes de eletricidade, primeiro local de abastecimento a 10 km de distância e poucos serviços de educação e de cuidados de saúde primários (IHSI, 2015). O seu código postal é HT 1231.As diferentes localidades de Génipailler: Balan, Bauber, Bongas, Caïman, Carrefour Beaudin, Carrefour des Pères (o grande bairro), Carrefour Laury, Carrefour Lévèque, Carrefour Orangé, Choiseul, Ducort, Fontenelle, Gallifet, Lifèbe, Marquis, Paulette, Sainte-Paulette, Ségur, Vedrine.

2.1.1.1.1 Localização geográfica

A terceira secção de Génipailler do município de Milot está situada a 19,69158 de latitude norte e 72,21474 de longitude oeste. DMS 19° 41' 30" -72° -12' -53", tem uma altitude de 13 m que representa a sua altitude.

2.1.1.1.1.1Área de superfície e número de agregados familiares

A secção comunal de Génipailler cobre uma superfície de 29,02 km2, dos quais 1,13 km2 são urbanos e 27,89 km2 rurais. O número de agregados familiares nesta zona é de 1.795. Para a zona de estudo, que é o bairro Carrefour des Pères, o número de agregados familiares é estimado em 448 (IHSI, 2015). Com uma superfície de 1,13 km2.

2.1.1.1.1.2Dados demográficos

A secção municipal de Génipailler tem uma população de 8.586 habitantes, dos quais 1.619 vivem em zonas urbanas e 242 em zonas rurais (ibid). Por outro lado, de acordo com os dados registados pelo Institut Haïtien de Statistique et d'Information em 2015, através de um inquérito realizado ao nível das diferentes unidades geográficas do Haiti, a população do bairro Carrefour des Pères está estimada em 997 habitantes. Esta estimativa baseia-se nos residentes com 18 anos ou mais (ibid.).

2.1.1.1.2 Situação edafo-climática ou geomorfológica 2.1.1.1.2.1 Vegetação

De acordo com uma definição do dicionário Petit Robert: "a vegetação é definida como

todas as plantas que crescem num determinado lugar de acordo com a sua natureza". Por conseguinte, as visitas exploratórias à zona revelaram um bom coberto vegetal ou paisagem na zona. Este sistema de cobertura vegetal inclui numerosas árvores florestais (cedro, chaine, palmeira, bambu, etc.), árvores de fruto (manga, abacate, etc.) e outros arbustos, incluindo culturas herbáceas (banana, cana-de-açúcar, que é a mais dominante, milho, feijão, quiabo, mandioca, batata-doce, inhame) e outras (Marie de Milot, 2022).

2.1.1.1.2.2 Temperatura

No que diz respeito à temperatura, os registos foram feitos pela estação meteorológica (AERO/PORT-AU-PRINCE) onde julho é o mês mais quente do ano com uma temperatura média de 30,7°C. janeiro é o mês mais frio do ano, com uma temperatura média de 27,5°C. Por outro lado, o recorde de calor foi de 40°C na quinta-feira, 8 de julho de 1993, e o recorde de frio foi de 9°C na quinta-feira, 13 de janeiro de 1977. A amplitude térmica ao longo do ano é de 3,2°C. Ao longo do ano, a temperatura média na 3ª secção comunal de Génipailler é de 29,1°C. (AERO/PORT-AU-PRINCE, 2021)

Figura 2-2: Gráfico das temperaturas médias mensais

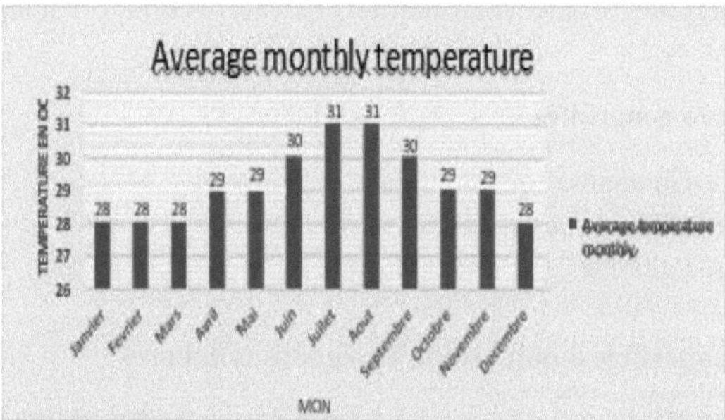

Fonte de dados: (AERO/PORT-AU-PRINCE, 2021) Produção do autor, dezembro de 2021

2.1.1.1.2.3 Precipitação

Em termos de precipitação, a mesma estação meteorológica registou uma média de 22,2 mm no mês mais seco do ano, dezembro. O mês de setembro registou a precipitação mais elevada do ano, com uma média de 120,2 mm. A variação da pluviosidade é muito grande, com 98 mm entre os meses mais secos e mais húmidos do ano. Ao longo do ano, a precipitação em Génipailler é, em média, de 786,2 mm (ibid).

Figura 2-3: Gráfico da precipitação média mensal

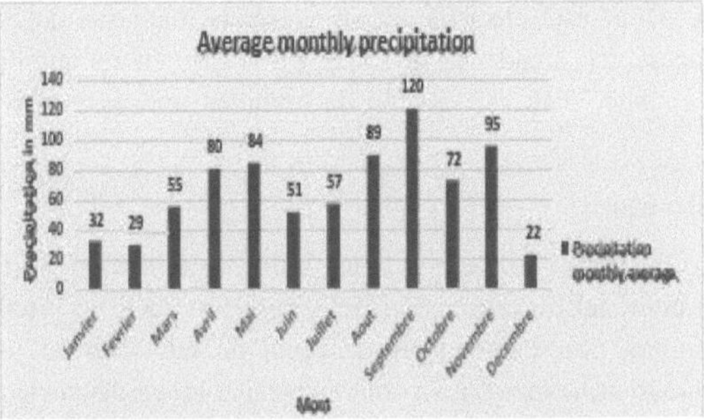

Fonte dos dados: (AERO/PORT-AU-PRINCE, 2021)
Concebido por L'auteur, dezembro de 2021

2.1.1.1.2.4 Topografia

Segundo um inquérito comunitário realizado pelo MARNDR no âmbito do recenseamento agrícola geral, a zona do Carrefour des Pères é predominantemente de planície interior, topografia dominante da secção (MARNDR, 2008).

2.1.1.1.2.5 Recursos hídricos

Não existem poços artesianos na zona, mas sim poços comuns, não representativos dos habitantes da zona, e que são 12 fontes públicas (ibid.). A comuna de Milot dispõe de dois cursos de água que são captados e distribuídos, um para o serviço da população de Milot e outro para a população da 3ª secção comunal de Génipailler.

2.1.1.1.3 Situação socioeconómica

2.1.1.1.3.1 Comércio

De acordo com o departamento de comércio, a agricultura é a principal atividade económica da região e não há mercado para os produtos agrícolas na região. A indústria de transformação da cana-de-açúcar é muito forte na região e constitui a atividade principal de um grande número de habitantes da região (inquérito informal, 2021). As pessoas que dispõem de meios de deslocação são obrigadas a deslocar-se a Cap-Haitien para comercializar os seus produtos agrícolas. Existem de preferência pequenas lojas onde os produtos são vendidos (IHSI, 2015).

O aumento da produção de milho, outros cereais, feijão, outros vegetais, mangas, outros frutos, criação de ovinos e caprinos são todos considerados actividades económicas secundárias na secção. Outras actividades como a avicultura, a apicultura, a produção de gado bovino e suíno estão em declínio (MARNDR, 2008). Os principais constrangimentos e obstáculos ao desenvolvimento destas actividades são o crédito, o aconselhamento e a extensão, a insegurança alimentar, as doenças e pragas das plantas, a falta de água de irrigação e a baixa procura (ibid.).

2.1.1.1.3.2 Infra-estruturas

Apenas a cidade de Milot está electrificada, e as zonas dispersas da cidade não estão. As estradas são muito acessíveis a cadeiras de rodas, principalmente a que liga a cidade de Milot a Cap-Haitien. No entanto, para esta secção da comuna, apenas menos de 5 km (inquérito informal, 2021).

2.1.1.1.3.3 A comunicação

No que diz respeito às comunicações na zona, não existe serviço postal. Existe cobertura móvel na 3ª secção comunal de Génipailler, mas com um sinal de Internet muito fraco. No que respeita à imprensa, não existe qualquer canal de televisão ou jornal/revista. Assim, apenas os telemóveis são utilizados para a comunicação a longa distância (ibid).

2.1.1.1.3.4 Lazer

A zona não dispõe de biblioteca nem de museu. Para além dos desportos praticados na comunidade, como o futebol nos pequenos campos de jogos e o basquetebol na praça, existem várias "gaguères", que completam as escassas possibilidades de entretenimento e de lazer dos habitantes das zonas afastadas. (Inquérito informal, 2021).

2.1.1.1.3.5 Educação

No domínio da educação, existe um centro de investigação universitário, o ISTEAH (Institut des Sciences, des Technologies et des Etudes Avancées d'Haïti, com programas de mestrado e doutoramento e um jardim de infância). Foram identificadas outras escolas de ensino regular (Ecole nationale de carrefour des pères, uma escola protestante Bethel e Académie Leadh, uma escola Congregacional), cujo último nível é o Nouveau Secondaire III (NS III), não existindo nenhum Nouveau Secondaire IV (NS IV) na zona. (Inquérito informal, 2021).

2.1.1.1.3.6 Saúde

Relativamente aos serviços de saúde, existe um centro de saúde no centro do distrito (MARNDR, 2008).

2.1.1.1.3.7 Religião

No que diz respeito à religião na região de Génipailler, o protestantismo é dominante.

Mas existem bastantes instituições religiosas: católicas, vudu, etc.

A festa de Notre Dame de la Victoire, a 06 de outubro, e a festa do Bois Caïman, a 14 de agosto, são as principais festas locais da secção comunal de Génipailler (Mairie de Milot, 2021).

2.1.1.1.4 Situação

2.1.1.1.4.1 Agricultura

No domínio da agricultura, os habitantes da zona do Carrefour des Pères cultivam principalmente a cana-de-açúcar, que é muito mais comercial do que as outras culturas. As culturas de horta (tomate, beringela, malagueta, pimento, couve, quiabo, etc.) são cultivadas por muitos agricultores da zona para satisfazer as suas necessidades primárias. Outras culturas, como os cereais (milho e arroz), as leguminosas (sobretudo feijão), as culturas industriais (cana-de-açúcar e banana) e diversas outras culturas, são igualmente praticadas, sobretudo em associação, para economizar custos de produção e espaço cultivável (Enquête informelle, 2021).

2.1.1.1.4.2 Reprodução

O sistema de criação de gado da região é muito conhecido pela utilidade das suas espécies bovinas. O gado é utilizado para o funcionamento dos engenhos de cana-de-açúcar. Os animais são mantidos principalmente em cordas, de modo a não prejudicar o desenvolvimento das culturas. As diferentes espécies identificadas na zona são: bovinos, ovinos, caprinos, suínos e galinhas (inquérito informal, 2021).

2.1.1.1.4.3 Sistemas de cultivo na zona

Os habitantes da área cultivam muitas culturas em associação, tais como: feijão - manio - quiabo, feijão - milho - batata-doce, cana-de-açúcar - banana. E estes sistemas de associação têm, nos seus lados expostos ao vento, sistemas de barreira natural com árvores de fruto e florestais para proteger estas culturas do vento (Inquérito informal, 2021).

2.2 ENQUADRAMENTO TEÓRICO

2.2.1 História da compostagem

A compostagem não é uma técnica recente, mas é praticada desde a Antiguidade. Durante milhares de anos, os chineses recolheram e compostaram toda a matéria orgânica do jardim, dos campos e de casa, incluindo as fezes. No Próximo Oriente, por exemplo, foi criada uma zona de eliminação de resíduos urbanos fora das portas de Jerusalém: alguns resíduos eram queimados e outros compostados. A palavra "composto" vem do latim "Compositus", que significa "composto de várias coisas". Era assim que os romanos chamavam aos preparados de legumes e de frutos com adição de óleos, sais e outros aditivos. Foi com este nome que o chucrute foi introduzido na Europa Central no século XI (ZNAÏDI, 2002).

2.2.2 Definição de compost

O composto é um corretor orgânico do solo que aumenta a biodiversidade do solo através da adição de microrganismos, combate o esgotamento mineral do solo, melhora as suas qualidades físico-químicas e ajuda a reduzir a necessidade de fertilizantes azotados industriais. Desta forma, as necessidades alimentares dos habitantes locais podem ser satisfeitas sem ter um impacto negativo na sua saúde, no ambiente, no solo ou nos animais (Plateforme-Re-Sources, 2015). Para o suíço Gobat et al (1998), citado por ZNAÏDI (2002), a compostagem é um processo de tratamento intensivo de resíduos orgânicos que optimiza os processos biológicos aeróbicos para degradar e estabilizar a matéria orgânica complexa.

2.2.3 Receitas de composting

A compostagem é um sistema que precisa de ser gerido cuidadosamente para garantir que todos os princípios necessários são respeitados, com metodologias bem definidas. Por esta razão, existem quatro requisitos básicos para que a compostagem funcione corretamente: O alimento certo para os decompositores (matéria orgânica em decomposição rápida e não tóxica para o composto)

1) Decompositores
2) Água (para manter a humidade no sistema)
3) Ar (que facilita a presença de oxigénio no ar)

2.2.3.1 Boa alimentação ou uma dieta equilibrada

Os materiais orgânicos (folhas, aparas de relva, plantas de jardim, restos de cozinha e papel picado) são excelentes materiais de compostagem, também conhecidos como materiais castanhos. As folhas, os ramos lenhosos e o papel têm um elevado teor de carbono (C), que os microrganismos necessitam para obter energia. As aparas de relva e os legumes são mais ricos em azoto (N), também conhecido como matéria castanha, que é necessário para produzir as enzimas utilizadas na decomposição e noutros processos. Por outras palavras, os materiais ricos em carbono são os alimentos e os materiais ricos em azoto são as vitaminas. A obtenção de um equilíbrio ótimo entre o carbono e o azoto (relação C:N) é importante para uma compostagem eficaz. A relação óptima situa-se entre 25 e 30 átomos de carbono por cada átomo de azoto. É evidente que esta não é uma forma de medição praticada fora de um laboratório altamente especializado. Por isso, utilizamos uma conversão de aproximadamente cinco partes de carbono para uma parte de azoto ou cinco baldes de castanhos para um balde de verdes (HCB,2018).

2.2.3.2 Decompositores

Os decompositores estão lá para ajudar a matéria orgânica a decompor-se em pedaços mais finos. São microrganismos que estão lá permanentemente e seres humanos que actuam temporariamente conforme necessário no processo de compostagem.

Existem muitos decompositores numa pilha de composto. Os organismos do solo, tais como bactérias, fungos e outros, são os principais responsáveis pelo arranque do processo de compostagem. Uma vez que estes organismos ocorrem naturalmente no solo e na matéria vegetal, a sua presença é garantida. Mas pode sempre adicionar algumas pás cheias de composto ou de terra para fornecer decompositores "iniciais" à sua pilha (ibid.).

2.2.3.3 Água

A água é essencial para a compostagem. Tal como nós, os microrganismos precisam de água para sobreviver e estar activos. Um nível de humidade de 40-60% é o melhor. A pilha de composto deve estar tão húmida como uma esponja espremida. Se estiver demasiado encharcada, as bactérias e outros organismos benéficos não conseguirão apanhar ar suficiente (ibid.). Por outro lado, a falta de humidade faz com que os microrganismos fiquem dormentes e atrasa o processo de compostagem. Quando o sistema está demasiado húmido, torna-se pegajoso e os resíduos são difíceis de decompor.

2.2.3.4 O ar

O oxigénio é essencial porque a compostagem é essencialmente um processo aeróbico. Aeróbico significa que as bactérias precisam de oxigénio para viver e desempenhar funções específicas. Se o fornecimento de ar for cortado, as bactérias anaeróbicas assumem o controlo, o que resulta em odores desagradáveis. Para garantir que há oxigénio suficiente, vire a pilha de composto. Virar também traz as partes exteriores e menos decompostas da pilha de para o centro, onde os organismos do solo fazem o seu trabalho. Virar a pilha aumenta a porosidade e o ar pode circular através da pilha (Op.cit.).

2.2.4 Classificação dos resíduos

Devido ao elevado nível de resíduos no planeta, a classificação dos resíduos é uma tarefa complexa. Por conseguinte, os resíduos são classificados de acordo com vários aspectos, como se segue:

2.2.4.1 De acordo com as suas naturezas

No que diz respeito à natureza dos resíduos, podemos classificá-los em duas grandes categorias:

- **Resíduos sólidos**

Trata-se de resíduos sólidos, domésticos, comerciais e industriais, por exemplo: plásticos, recipientes de poliestireno, garrafas, latas, papel, sucata e outros resíduos.

- **Resíduos líquidos**

Trata-se de resíduos sob a forma líquida, tais como águas residuais domésticas, produtos químicos, óleos, águas residuais de lagos, da indústria, da manufatura e de outras fontes.

2.2.4.2 De acordo com as suas composições

Os resíduos a compostar são classificados em dois tipos, de acordo com a sua composição. Os dois tipos de resíduos são o material castanho e o material verde:

- **Materiais castanhos**

Os materiais castanhos são resíduos que já sofreram alguma modificação, especialmente com a secagem. São os resíduos mais resistentes, ricos em carbono e mais secos. Os diferentes tipos de resíduos castanhos que podem ser adicionados ao composto são Folhas secas, galhos, partes de plantas lenhosas, palha, feno, serradura, aparas de madeira (madeira limpa), papel picado, jornal, cartão, artigos de papel não recicláveis, guardanapos de papel, pratos e copos de papel não forrados com plástico, cartão sujo (caixas de pizza, recipientes de gelado de cartão), terra velha para vasos e cobertura vegetal, 100% algodão, linho e lã (cortados em pequenos pedaços), etc. (Hovard, 2018)

- **Materiais ecológicos**

Os resíduos verdes referem-se aos resíduos vegetais resultantes da manutenção e renovação de espaços verdes públicos e privados, provenientes de autoridades locais, organizações públicas ou semi-públicas, empresas privadas e particulares. (Dicionário do ambiente). Os diferentes tipos de resíduos verdes que conhecemos são: Aparas de relva, plantas de jardim, plantas de casa, flores cortadas, ervas daninhas (sem sementes), restos de comida, aparas e cascas de frutas e legumes, borras e filtros de café, saquetas de chá, pão e outros produtos de padaria, arroz e outros cereais, massas e cereais, cascas de ovo, estrume de animais de quinta, resíduos de gaiolas de animais vegetarianos (hamster, porquinho-da-índia, coelho), etc. (ibid).

2.2.4.3 De acordo com as suas origens

Existem muitas formas diferentes de classificar os resíduos, consoante o local onde utilizados e a sua origem. Eis alguns exemplos:

- **Resíduos sólidos urbanos**

Os resíduos sólidos incluem o lixo doméstico, o entulho, os detritos de construção e demolição, os resíduos de saneamento, os materiais de embalagem, os resíduos comerciais, etc. São geridos por todos os municípios. São geridos por todos os municípios.

- **Resíduos biomédicos**

Resíduos sólidos ou líquidos, incluindo contentores, produtos intermédios ou finais, produzidos no decurso de actividades de diagnóstico, tratamento e investigação no domínio das ciências médicas a níveis de tratamento médico.

- **Resíduos industriais**

Resíduos líquidos e sólidos gerados por unidades de fabrico e de transformação em várias indústrias, como a química, a petrolífera, a do carvão, a metalúrgica, a de louça sanitária e a do papel, etc.

- **Resíduos agrícolas**

Trata-se de resíduos gerados pelas actividades agrícolas. Estas substâncias são principalmente biodegradáveis e podem ser facilmente decompostas para fazer composto.

- **Resíduos de pesca**

Trata-se de resíduos gerados pelas actividades de pesca. Encontra-se largamente presente nas zonas costeiras e estuarinas.

- **Resíduos radioactivos**

Resíduos que contêm materiais radioactivos. Normalmente, são subprodutos de processos nucleares. Por vezes, as indústrias não diretamente envolvidas em actividades nucleares podem também produzir resíduos radioactivos, por exemplo, radioisótopos, lamas químicas, etc.

- **Resíduos electrónicos**

Resíduos electrónicos produzidos pelos estabelecimentos modernos. Podem ser descritos como equipamentos eléctricos ou electrónicos fora de uso. Alguns componentes dos resíduos electrónicos, como os tubos de raios catódicos, podem conter contaminantes como Pb, Cd, Be ou retardadores de chama bromados.

2.2.4.4 De acordo com as suas propriedades

No que diz respeito às propriedades dos resíduos, existem dois tipos principais: os resíduos biodegradáveis e os resíduos não biodegradáveis:

- **Biodegradável**

Estes resíduos não são demasiado nocivos para os seres humanos. Mas podem ser perigosos se forem mal geridos. Trata-se de resíduos que podem ser decompostos pela ação de outros seres vivos, como os microrganismos, durante o processo de compostagem. Exemplos: papel, madeira, biomassa vegetal, resíduos animais, fruta, etc.

- **Não biodegradável**

Trata-se de resíduos que não podem ser decompostos por organismos vivos (plásticos, garrafas, máquinas velhas, latas, recipientes de poliestireno, etc.).

2.2.4.5 De acordo com os seus efeitos no ambiente e na saúde humana

- **Resíduos perigosos**

Substâncias perigosas utilizadas comercial, industrial, agrícola ou economicamente que apresentam uma das seguintes propriedades: inflamabilidade, corrosividade, reatividade e toxicidade.

- **Resíduos não perigosos**

Substâncias que podem ser utilizadas comercial, industrial, agrícola ou economicamente e que não possuem nenhuma das propriedades acima mencionadas. Estas substâncias criam geralmente problemas de eliminação.

2.2.5 A disposição destes resíduos

Esta é a forma básica de montar uma pilha de composto. Primeiro, crie uma camada inferior, com uma espessura de 5 a 10 cm, de materiais castanhos. Isto ajudará a absorver o excesso de humidade dos seus materiais verdes. Em seguida, coloque os materiais verdes por cima e alterne com camadas de castanho. A alternância de camadas assegurará a existência de material castanho suficiente para absorver o excesso de humidade e ajudá-lo a atingir uma relação carbono/nitrogénio óptima. (Esta é uma boa oportunidade para pedir aos alunos que lhe digam qual é a relação C/N óptima).

Quando começar uma pilha, coloque-a em camadas, espere cerca de uma semana, dependendo da matéria orgânica presente, e depois misture-a bem, virando-a. Se não tiveres muitos materiais verdes, podes começar com uma única camada e continuar a construí-la, recolhendo mais materiais. É possível montar uma pilha deste género ao ar livre (sem paredes laterais).

- Comece pela camada inferior de material castanho
- Materiais verdes e castanhos alternados
- Acabar com uma camada de cobertura de material castanho
- Adicione água até que a pilha esteja tão húmida como uma esponja espremida

Figura 2-4: Diagrama da disposição da matéria orgânica

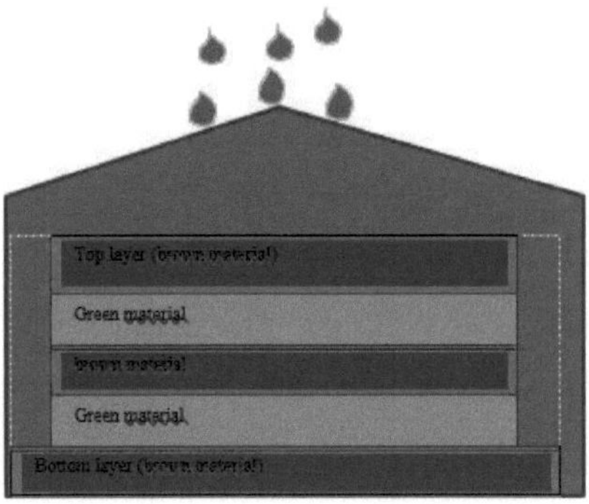

2.2.6 Tipos de compostagem

Existem vários tipos de compostagem, consoante o país em questão, o clima, o tipo de equipamento disponível e o tempo disponível. No entanto, basicamente, um é uma simples modificação do outro. Várias alturas tentaram apresentar uma classificação baseada na sua experiência. No entanto, o INA (Instituto, Nacional, de Investigacion) agrupa-os a todos em 2 grandes sistemas: sistemas abertos ou compostagem em pilhas e sistemas fechados ou compostagem em reactores (INA, 2006, citado por Soniel M., 2010).

2.2.6.1 Compostagem em montes ou pilhas free

A compostagem em pilha ou em pilha livre é um método em que a pilha se encontra ao ar livre, respeitando os mesmos princípios de Indore, ou seja, a disposição do material camada por camada, de modo a colocar materiais ricos em carbono seguidos de materiais ricos em azoto, a fim de favorecer o bom desenvolvimento e a multiplicação dos microrganismos que são os verdadeiros agentes de decomposição no processo de compostagem (ibid).

2.2.6.2 Compostagem em fossa

Trata-se de um método muito simples e o mais utilizado desde há muito tempo. O princípio é o mesmo que o do método anterior, exceto que é realizado num fosso escavado. Este método é aplicável em zonas onde a água seria um fator limitativo do controlo da humidade (ibid).

2.2.6.3 Compostagem em gaiola

Com este método de compostagem, o composto é produzido numa gaiola feita de madeira ou de outros materiais fabricados para o efeito. É utilizado principalmente em zonas urbanas para a compostagem de resíduos domésticos. No entanto, a sua utilização nas zonas rurais não está excluída, pois é uma alternativa que ajuda a controlar certas pragas que, de outra forma, prejudicariam as pilhas a céu aberto. Esta é outra pequena adaptação de Indore, exceto que as camadas são dispostas numa gaiola construída (op.cit.).

2.2.7 O processo de compostagem

O processo de compostagem pode ser dividido em 4 fases principais. Vários parâmetros (temperatura, pH, arejamento) variam durante o processo de compostagem. As mudanças de temperatura, que exprimem a atividade de uma sucessão de populações microbianas ligadas às mudanças do ambiente, são a manifestação mais percetível da dinâmica da compostagem.

2.2.7.1 Fases do processo de compostagem

A primeira (Fase Mesófila) tem uma temperatura baixa de cerca de 20 °C; a segunda (Fase Termófila) a uma temperatura elevada (30 a 70 °C), a terceira (Fase de Arrefecimento) a uma temperatura mais ou menos baixa (15 a 30 °C) e a quarta (Fase de Maturação) com menos de 20 °C. Isto leva à biossíntese de matéria orgânica bem decomposta, húmus e nutrientes. É a isto que chamamos composto.

2.2.7.1.1 A fase mesófila

É a fase inicial da compostagem. Esta fase contém todas as matérias-primas a serem compostadas, à temperatura ambiente. As matérias-primas são invadidas por microrganismos mesófilos indígenas (principalmente bactérias e fungos); a sua atividade provoca um aumento da temperatura (de 10-15°C para 30-40°C), uma libertação significativa de CO2 (daí a redução da relação C/N) e acidificação. A degradação da celulose durante esta fase é responsável por mais de 75% da perda de peso seco (ZNAÏDI, 2002).

2.2.7.1.2 O fase termofílica

Esta fase é a de temperatura mais elevada do processo, com maior calor, e a compostagem é mais ativa. É atingida no centro da pilha, a temperaturas elevadas (da ordem dos 60 a 70°c) para os compostos agrícolas, às quais só os microrganismos termotolerantes ou termófilos conseguem resistir (cessando a atividade dos fungos que desenvolvem actinomicetos e bactérias termófilas). As perdas de azoto, mineralizado sob a forma de amoníaco ($NH4+$), que pode ser volatilizado sob a forma de amoníaco ($NH3$) em certas condições, bem como a evaporação da água, são maiores durante esta fase. No final das fases termofílicas, a libertação de $CO2$ pode levar a uma perda de até 50% do peso seco. As temperaturas elevadas que caracterizam a fase termofílica apenas afectam o centro da pilha. O material na extremidade da pilha deve ser revolvido uma ou duas vezes. Esta técnica garante que todos os elementos da pilha sejam submetidos às diferentes fases da compostagem, de modo a que o produto final seja homogéneo e completamente higienizado (ibid.).

2.2.7.1.3 A fase de arrefecimento

É a fase intermédia entre a fase termofílica e a fase de maturação. Termina com o regresso à temperatura ambiente. O meio é de novo colonizado por microrganismos mesófilos. Estes degradam os polímeros deixados intactos na fase termofílica e incorporam o azoto em moléculas complexas (ibid.).

2.2.7.1.4 A fase de maturação

Esta fase tem pouca atividade microbiológica (recolonização por fungos), mas é adequada para a colonização pela macrofauna, nomeadamente as minhocas, quando estas estão presentes no ambiente da pilha. As matérias orgânicas são estabilizadas e humificadas em comparação com as matérias-primas utilizadas para a compostagem. As três primeiras fases são relativamente rápidas em comparação com a fase de maturação. No entanto, a sua duração e a amplitude das variações dependem dos materiais de base e das condições técnicas em que a compostagem é efectuada. Por conseguinte, as datas de revolvimento não podem ser fixadas de acordo com um calendário preciso, mas são determinadas pela descida da temperatura. A fase de maturação dura, a priori, até ao espalhamento do composto (op.cit.). É impossível definir um período de maturação, uma vez que este depende da composição das matérias-primas. No entanto, é possível distinguir entre os compostos feitos a partir de resíduos lignocelulósicos (estrume), que podem ser utilizados após 6 semanas (caso em que a maturação é muito curta, ou mesmo inexistente), e os compostos feitos a partir de resíduos lenhosos (resíduos verdes, por exemplo), que geralmente só são utilizados após 6 meses.

Figura 2-5: Diagrama mostrando as diferentes fases da compostagem

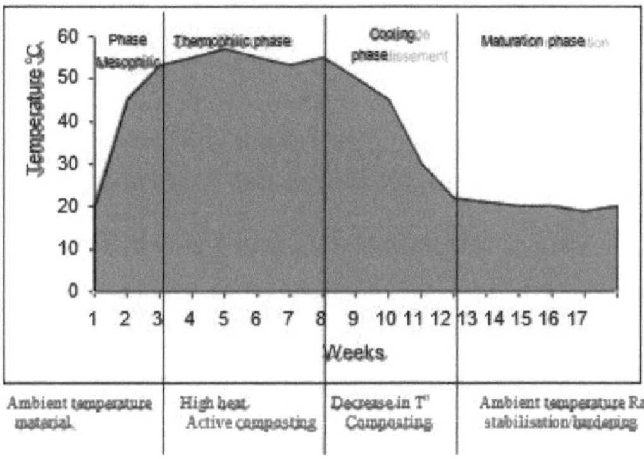

Fonte dos dados: ZNAIDI, 2002 Produtor: autor, novembro de 2021

2.2.8 Os parâmetros para variações no processo de compostagem são :

2.2.8.1 Temperatura

A decomposição máxima ocorre quando as temperaturas do composto variam entre 110 e 150 °F (43,33°C e 65,55°C). A temperatura é, portanto, um bom indicador de uma compostagem eficaz. A estas temperaturas, as sementes de ervas daninhas e a maioria dos micróbios e parasitas causadores de doenças morrem. São necessários três dias a 131 graus F (55 graus C) para matar os parasitas e os agentes patogénicos das plantas. É importante que as pilhas sejam rodadas frequentemente para garantir que todas as peças são expostas a estas temperaturas elevadas. Pode ver-se vapor quando se roda a pilha. Um tamanho de pilha maior ajuda a reter o calor. Como a temperatura excede 150 graus F, a taxa de compostagem diminui rapidamente e torna-se insignificante em temperaturas acima de 160 graus F (Ohio State University, 1914).

2.2.8.2 PH

O pH influencia as reacções de compostagem, favorecendo certas espécies de microrganismos. Um pH ácido favorece o desenvolvimento de bactérias e fungos no início da compostagem, enquanto um pH básico favorece o desenvolvimento de actinomicetas e bactérias alcalinas. A maioria das bactérias envolvidas na compostagem tem o seu ótimo entre níveis de pH de 6 e 8, enquanto os fungos são mais tolerantes a níveis de pH de cerca de 5 a 8,5. As alterações do pH durante a compostagem fornecem informações sobre as diferentes fases do processo microbiológico em curso (acidificação na fase mesófila, por exemplo). A medição do pH é portanto indispensável durante a compostagem, pois permite acompanhar o processo fermentativo, ou mesmo orientá-lo favoravelmente através do seu controlo (Mustin, 1987). Segundo Godden (1986) e Gobat et al (1998), no final da compostagem (fase de maturação), o pH equilibra-se em direção à neutralidade (Citado por ZNAÏDI, 2002).

2.2.8.3 Ventilação

O ar é essencial para manter o ambiente aeróbico necessário para uma decomposição rápida e inodora. A falta de oxigénio conduzirá a condições anaeróbias, com a produção de biogás e de odores desagradáveis. O nível mínimo de oxigénio desejado é de 5-10% no composto em decomposição. Os sistemas de arejamento possíveis incluem o revolvimento manual ou mecânico, o arejamento passivo ou forçado (Plateforme Ressources, 2015).

2.2.9 A compostagem é simultaneamente uma arte e uma ciência

Provavelmente já reparou que há muitas tentativas e erros na compostagem. Sabemos como certas coisas devem funcionar, mas por vezes não funcionam como planeado devido a factores fora do nosso controlo. Por exemplo, pode chover muito durante vários dias e a pilha ficar demasiado húmida. Mesmo nestas situações imprevisíveis, observando e resolvendo problemas, ao longo do tempo podemos aprender a arte da compostagem.

2.3 QUADRO CONCEPTUAL

2.3.1 chão

O solo é uma mistura complexa de minerais, água, ar e matéria orgânica de plantas e animais mortos e em decomposição. Os solos variam consoante o tipo de rocha e a quantidade de rocha decomposta; a quantidade de matéria orgânica presente na mistura; e a quantidade de água e ar que o solo contém (Soil, 2008).

2.3.2 Composição do solo :

De acordo com Kompos lakay, uma unidade da Soil, uma empresa de produção de composto no norte do Haiti. Cerca de 45% do solo é composto por minerais, principalmente rochas que se decompuseram ao longo do tempo em partículas sólidas de areia, silte e argila. As partículas de areia são as maiores e as de argila as mais pequenas. Embora um solo possa ser todo de areia, todo de argila ou todo de silte, isso é raro. Em vez disso, a maioria dos solos é uma combinação dos três. A areia é a partícula maior e parece cascalho quando esfregada entre os dedos. Nas zonas costeiras, a areia da praia também contém fragmentos de conchas, corais e outras pequenas formas de vida marinha. O lodo é a partícula de tamanho médio. É suave como a farinha. As partículas individuais de silte são pouco visíveis. A argila é a partícula mais pequena e não pode ser vista a olho nu. A argila é pegajosa quando molhada (ibid.). A maior parte dos solos é constituída por 25% de água e 25% de ar. Não há exatamente 25% de cada um, uma vez que estas quantidades podem mudar devido à chuva, à seca e a outras condições. No entanto, a composição do solo é de cerca de 25% na maior parte do tempo para a maioria dos solos. Nas zonas costeiras, a situação é um pouco diferente porque os solos dos pântanos, brejos, baías e zonas húmidas têm mais água porque são frequentemente inundados pela mudança das marés.A fração mais pequena do solo é a matéria orgânica, que corresponde a cerca de 5%. A matéria orgânica é constituída por tecidos vegetais e animais mortos e pelos microrganismos que vivem no solo. Embora a matéria orgânica represente apenas cerca de 5% do volume do solo, é uma parte muito importante do solo. A matéria orgânica tem muitas funções, incluindo fornecer alimento aos organismos, ajudar a reter a água no solo, fornecer nutrientes às plantas e muito mais. Os solos dos pântanos, brejos, baías e zonas húmidas têm geralmente um teor de matéria orgânica mais elevado do que a maioria dos solos, o que significa mais alimento para os organismos. É por isso que estas zonas são consideradas viveiros para camarões bebés, peixes e outras espécies aquáticas (ibid.).

2.3.3 Algumas das funções do solo que o tornam tão importante para a vida na Terra :

1) Os solos fornecem nutrientes e um local para as plantas crescerem, e a maior parte dos nossos alimentos provém direta ou indiretamente das plantas.
2) Os solos fornecem um habitat para os organismos do solo, principalmente criaturas microscópicas que constituem a maior parte da vida na Terra. Os solos estão tão cheios de vida que o próprio solo parece estar vivo.
3) Os microrganismos no solo ajudam a processar e a reciclar os nutrientes, incluindo o carbono, para que os seres vivos os possam utilizar repetidamente. As plantas e os animais mortos são reciclados como nutrientes.
4) O solo pode filtrar e purificar a água que bebemos e usamos todos os dias. Os microrganismos podem utilizar alguns dos produtos químicos presentes na nossa água como alimento, decompondo-os (biodegradação).
5) O solo modifica a atmosfera ao emitir e absorver poeiras e numerosos gases, incluindo o dióxido de carbono, o metano e o vapor de água.
6) As nossas casas, edifícios e cidades são construídos sobre o solo e feitos de materiais que provêm direta ou indiretamente do solo. Por isso, ele serve de suporte a tudo o que nele existe (op.cit.).

2.3.4 Húmus

O húmus é o que os cientistas do solo chamam à parte da matéria orgânica do solo que já se decompôs. O húmus forma-se quando a matéria orgânica se decompõe. Quando vai a uma floresta ou ao seu jardim e levanta uma camada de folhas que já lá estão há algum tempo, encontra por vezes uma camada de material escuro e esponjoso que parece e cheira a terra. Isto é húmus (Soil, 2008).

2.3.5 Composto

O composto é o produto da decomposição biológica dos resíduos orgânicos. É o mesmo que húmus, mas feito por nós através do processo de compostagem. Ao compostar os nossos resíduos orgânicos, podemos ajudar a natureza a produzir o húmus de que necessita para o solo. Podemos gerir a compostagem de modo a que a biodegradação ocorra mais rapidamente do que na natureza (ibid.).

2.3.6 Resíduos orgânicos

Para orientar o âmbito e o conteúdo do relatório de base, foi estabelecida a seguinte definição para efeitos do presente documento: O composto é um resíduo orgânico, qualquer material de origem vegetal ou animal que pode ser decomposto por microrganismos ou os restos, resíduos ou desperdícios de um organismo (op.cit.).

CAPÍTULO III
METODOLOGIA DO ESTUDO

Todo o trabalho de investigação científica requer uma metodologia, que é definida como o conjunto de regras e métodos a utilizar para a realização bem sucedida de um trabalho científico. Por esta razão, foram utilizados os meios disponíveis para garantir que o nosso trabalho de investigação não fosse em vão. Os princípios da investigação e da recolha de dados foram bem definidos de acordo com uma metodologia rigorosa. O trabalho foi dividido em três fases principais, de acordo com o tipo de investigação:

- Fase de pesquisa bibliográfica e webográfica ;
- Fase de recolha de dados no terreno;
- processamento e análise.

3.1 Fase de pesquisa bibliográfica e

Para realizar este trabalho científico, foi efectuada uma grande pesquisa com documentos de todo o mundo e de outros lugares. Em primeiro lugar, foram consultados documentos em papel e electrónicos da empresa (Haiti Compost Business). Foram efectuadas visitas permanentes aos documentos da biblioteca da Université Chrétienne du Nord d'Haïti. Foram também consultados documentos na Câmara Municipal da comuna de Milot e com o representante do gabinete agrícola da comuna, para que o estudo sobre a compostagem na zona do Carrefour des Pères pudesse ser corretamente realizado. Foram efectuadas pesquisas em toda a Internet através de sites fiáveis, descarregando livros electrónicos e visitando artigos publicados sobre o tema do estudo.

3.2 Fase de recolha de dados em

Esta fase consistiu em estruturar o processo de modo a obter uma compreensão geral da área de estudo e da empresa, para orientar o nosso trabalho de investigação e para recolher boas informações sobre o sistema de recolha de resíduos e de compostagem operado pela Haiti Compost Business (HCB).

3.2.1 Tipologia adoptada para a recolha de dados

3.2.1.1 Tipo de inquirido

3.2.1.1.1 Diferentes camadas pesquisadas

Para que a informação a recolher não fosse idêntica, de modo a atingir os objectivos previamente definidos, a população do estudo foi dividida em vários grupos heterogéneos, tendo em conta o seu envolvimento no tema do estudo. Por conseguinte, os critérios de

seleção dos entrevistados foram os seguintes ✚ Ser membro do pessoal da que trabalha para a Haiti Compost Business (HCB)✚ Ser chefe de família na zona do Carrefour des Pères.
✚ Sendo um cliente que utiliza este composto, que é feito ao acaso com uma quantidade indeterminada

3.2.1.1.2 Categorização dos residentes na zona

A categorização é importante para diferenciar entre dois grupos de indivíduos na zona, temos:

- Categoria I: Moradores que conhecem o Haiti Compost Business.
- Categoria II: Residentes que não têm conhecimento do negócio de compostagem do Haiti.

3.2.2 Conta de exploração da empresa (Haiti Compost Business)

A conta de ganhos e perdas explica as despesas incorridas e as receitas geradas no decurso de uma atividade durante um determinado período de tempo. É utilizada para determinar o resultado. Em termos contabilísticos, as despesas são designadas por "Gastos" e as receitas por "Rendimentos", razão pela qual também se designa por Conta de Ganhos e Perdas (CIRAD/GRET, 2002). Por esta razão, foi elaborada uma conta de exploração com números para explicar os aspectos económicos do sistema de compostagem da Haiti Compost Business.

3.2.3 Investigações em

A fim de obter uma melhor compreensão do ambiente biofísico da área de estudo e do sistema de compostagem operado pela Haiti Compost Business, o trabalho de campo foi realizado em duas fases principais: um inquérito informal e um inquérito formal.

3.2.3.1 inquérito informal

O levantamento informal para este estudo foi efectuado através de visitas exploratórias à zona e ao interior do local de compostagem da empresa, a fim de obter uma ideia geral do ambiente biofísico da zona. Esta visita exploratória permitiu-nos tirar fotografias e realizar entrevistas não estruturadas com alguns residentes locais e pessoas que trabalham na empresa. No decurso do inquérito, foram dados os seguintes passos:

3.2.3.1.1 Visite

Foram efectuadas várias visitas exploratórias ao local de compostagem e à zona, a fim de facilitar a realização rigorosa deste trabalho (ver APÊNDICE V). Estas visitas exploratórias permitiram-nos elaborar o inquérito para o levantamento formal. Durante estas visitas, foram efectuadas várias observações sobre o processo de transformação dos resíduos orgânicos em composto.

3.2.3.1.2 Entrevista não estruturada

Para compreender este sector, esta visita começou por ser feita ao diretor executivo da empresa e a vários funcionários internos e externos da organização. Foram colocadas questões a várias pessoas (pessoal da empresa, clientes e residentes locais). Cerca de 10 famílias da área foram questionadas sobre o trabalho realizado pela Haiti Compost Business na área de intervenção.

3.2.3.2 Inquérito formal

O inquérito formal é muito mais científico do que o informal, e baseia-se num questionário (MARNDR, 1999). Permite-nos encontrar muitas informações de qualidade sobre os impactos da gestão dos resíduos de HCB na zona do Carrefour des Pères. O inquérito foi efectuado através de um formulário de inquérito (APÊNDICE I) que contém todas as perguntas a que queríamos responder. Vários agricultores, funcionários da empresa e clientes foram interrogados sobre o tema da investigação. Com base neste inquérito, foi estabelecido um método de recolha de dados muito preciso, a fim de obter o máximo de informações possíveis para a análise dos impactos socioeconómicos e ambientais da gestão dos resíduos na zona.

3.2.3.2.1 Amostragem

Uma amostra é escolhida por razões de custo ou de tempo. O objetivo é construir uma amostra tal que as observações possam ser generalizadas a toda a população (Benoît, 2007). O inquérito formal é, por conseguinte, realizado em três níveis: o pessoal da empresa, com uma amostra proporcional à dimensão (11 funcionários), os clientes, com um número indeterminado ao acaso (10 clientes), e os residentes locais. Por outro lado, a escolha da amostragem com uma percentagem representativa é feita apenas entre os residentes da zona.

Devido ao elevado número de agregados familiares na zona do Carrefour des Pères (448 agregados familiares) (IHSI, 2015), é um pouco complicado inquirir toda a população em termos de custos, tempo e acessibilidade. Por conseguinte, a amostra de agregados familiares da zona foi selecionada com base em 50 agregados familiares, ou seja, 11,16% da população, para facilitar a investigação.

3.2.3.2.2 Realização do inquérito

Para a obtenção de determinados dados, esta fase consiste em interrogar três grupos de inquiridos através de formulários de inquérito: Em primeiro lugar, o pessoal da empresa (ver APÊNDICE II), cujas fichas incluem informações sobre o inquirido, os aspectos socioeconómicos do sistema de compostagem, a categorização dos resíduos e uma descrição dos parâmetros de decomposição. Para obter os dados necessários, foram realizadas mais de três reuniões com o diretor-geral da empresa, cada uma com uma duração de cerca de duas horas. Em segundo lugar, os chefes de família da zona e, em terceiro lugar, os clientes (ver ANEXO I), cujos formulários são semelhantes e incluem informações gerais sobre o chefe de família, aspectos socioeconómicos do sistema de compostagem e uma avaliação dos utilizadores de composto. O formulário do inquérito foi redigido em francês e traduzido oralmente em crioulo para os inquiridos durante um período de aproximadamente 20 minutos.

O inquérito foi realizado no interior das habitações para os residentes locais e por telefone para os clientes externos. A informação recolhida é utilizada na secção de resultados e discussão.

3.2.4 Teste do composto

Ao testar o composto em laboratório, podemos identificar o seu conteúdo químico e orgânico. Por conseguinte, existe um método de amostragem para a análise química e microbiológica do composto a nível laboratorial. Para ambos os testes, foram recolhidas três amostras: uma da base ou do fundo da pilha, uma do meio e uma do exterior. No que diz respeito ao teste químico do composto, a análise foi efectuada dois dias após a recolha da amostra. Este teste foi efectuado para determinar a proporção de elementos químicos presentes na amostra escolhida (ver APÊNDICE III).

Para o teste microbiológico do composto, a amostra foi retirada de um monte (Tas) de composto em forma de pirâmide (ver Apêndice V). Uma vez colhidas as três amostras, misturou-se a massa e obteve-se uma, que foi imediatamente transportada para o laboratório cerca de 40 minutos após a colheita, para que os microrganismos não fossem destruídos (ver Apêndice IV). Isto deve-se ao facto de a maioria dos microrganismos poder sobreviver fora do seu habitat entre 3 horas e 72 horas, geralmente (Chantal V., 2020).

3.2.5 Peso do composto

Após a conclusão do processo de compostagem, o produto final obtido (Composto) foi reduzido 4 vezes menos do que a matéria orgânica compostada, nem em termos de volume nem de peso (Inquérito do autor, 2021). Após a experiência, o composto foi embalado em sacos de 50 libras para facilitar o controlo da quantidade total produzida, vendida, doada e utilizada pessoalmente.

3.3 Fase de processamento e análise de dados

finalização do inquérito formal, os dados recolhidos foram apresentados de forma mais clara e precisa. Os questionários do inquérito foram analisados para facilitar o seu tratamento e a sua compreensão através de gráficos, tabelas e outras figuras. Para o efeito, os dados analisados por métodos estatísticos são imediatamente transportados para o software Microsoft Excel e Word 2010 para produzir os gráficos, tabelas e outras figuras acima referidos.

3.3.1 Fórmulas utilizadas Cálculo económico :

Lucro líquido= Receitas - Despesas

Cálculo da percentagem :

%=100× valor parcial/valor total

Conversão de temperatura :

T (^{0}C)= (T (^{0}F)-32)/1.8

T (^{0}C): temperatura em Celsius

T (^{0}F): temperatura em fahrenheit

3.4 Materiais e ferramentas utilizados

Para levar a cabo esta investigação científica, foram utilizados muitos equipamentos e ferramentas de modo a reunir boas informações e a recolher os dados corretamente e a analisá-los para produzir um bom trabalho. As ferramentas e os materiais que utilizámos ao longo deste trabalho são :

- ✓ Caneta e cadernos para informações escritas.
- ✓ Máquinas fotográficas para tirar fotografias.
- ✓ Telemóveis para pesquisar na Internet.
- ✓ Motociclos para facilitar o transporte.
- ✓ Um computador para o serviço de dactilografia e para o tratamento dos dados recolhidos.
- ✓ Calculadoras para efetuar operações de gestão de dados.

CAPÍTULO IV
RESULTADOS E DISCUSSÃO

Para a realização científica deste trabalho de investigação, baseado nos impactes do fabrico de composto com HCB, é importante dividir este capítulo em vários pontos principais com os resultados obtidos com base nos objectivos específicos definidos, verificando a confirmação das hipóteses de estudo. Assim, os resultados obtidos são apresentados sob a forma de texto, tabelas e figuras, incluindo a sua análise, interpretação e discussão nas secções seguintes:

4.1 Apresentação da instituição (Haiti Compost Business)

4.1.1 Descrição da empresa

A Haiti Compost Business (H CB) lançou um sistema completo de compostagem no departamento de Nord, no Haiti, onde a HCB recupera resíduos orgânicos de restaurantes, hotéis, mercados e casas. A gama de produtos está a ser lançada em Cap-Haïtien, onde foi feita a primeira instalação.

4.1.2 Objetivo e missão da HCB

Face à degradação do ambiente que afecta a saúde humana, a Haiti Compost Business (HCB), presente em vários pontos do país, dá o exemplo. Já implantada em três departamentos do país, nomeadamente no Norte, no Sudeste e em Grand-Anse, a Haiti Compost Business utiliza de forma inteligente os resíduos orgânicos para produzir um adubo natural "composto". Esta é a missão desta organização, cujo principal objetivo é promover a reciclagem através da utilização de resíduos, para aumentar a utilização de produtos naturais nas actividades agrícolas. Ao contrário dos fertilizantes químicos, que são mais rentáveis e crescem mais rapidamente, os naturais são de melhor qualidade e não têm efeitos nocivos para a saúde", sublinhou o coordenador da Haiti Compost Business.

4.1.3 Mercado-alvo e clientes

A HCB tem como objetivo desenvolver com diferentes entidades um composto de boa qualidade, e manter padrões com o que a HCB representa na comunidade haitiana. Estas incluem agricultores, o Ministério da Agricultura e Recursos Naturais, Residências, ONGs Internacionais, e exportação de acordo com as necessidades do país estrangeiro, e outros selecionados.

4.1.4 Tendências de crescimento desta empresa

Isto é particularmente verdade em economias em crescimento, onde o nível de vida ainda está a aumentar. A maioria dos haitianos não sabe o que é a compostagem nem como a fazer. De facto, esta prática ajudará a aumentar a produção nacional. Beneficiarão imediatamente do material de compostagem rico em nutrientes, que poderão colocar nos seus próprios jardins, evitar a erosão, etc. Mais ainda, as compras da HCB são cada vez mais para permitir o desempenho em que a HCB planeia concentrar-se.

4.1.5 A visão e as pessoas

A equipa da HCB tem um plano a longo prazo para estar no negócio e utilizar os conhecimentos comerciais especializados que a equipa adquiriu. Em geral, o Haiti gera muitos resíduos orgânicos sem que haja qualquer ação para os transformar. Pensamos que um sistema como este poderia gerar oportunidades de emprego, um melhor saneamento, uma atração turística, etc.

4.1.6 A estrutura organizativa

A estrutura organizacional da empresa baseia-se em três sectores principais diferentes (estrutura vertical): A HCB tem o conselho de administração com o CEO no topo, depois o departamento de recursos humanos, o gestor de produto e depois o gestor de vendas (horizontal). Dentro de cada sector, tem diferentes unidades abaixo da linha horizontal. (1).

Quadro 4-1: Apresentação dos quadros da empresa

Título	Quantidade
DIRECTOR EXECUTIVO	1
Coleccionadores	4
Condutores	2
Agentes	2
Trabalhadores contratados	2
Total	11 Empregados

Fonte: Inquérito do autor, novembro de 2021

Os Recursos Humanos irão oferecer vários benefícios aos empregados. O salário mínimo para os empregados é de 10.000 Gourdes por mês. Essencialmente, a maioria das pessoas trabalhará na fábrica e não precisará de um diploma para fazer o trabalho. A formação dos trabalhadores centra-se mais na importância do trabalho que realizam, a fim de os sensibilizar para a problemática dos resíduos, nomeadamente dos resíduos orgânicos. Um dos incentivos para manter os trabalhadores empregados é dar-lhes incentivos para gozarem férias e pagarem as horas extraordinárias, se necessário.

O processo do produto baseia-se no seguinte passo: primeiro, recolher a matéria-prima (resíduos orgânicos), introduzi-la no processo, depois colocar a matéria orgânica em latas, pilhas e misturar com outros materiais para fazer a combinação. Depois, o passo seguinte é embalar o composto em 50 libras cada. A secção seguinte é a do vendedor do produto; nesta fase, o produto é enviado aos clientes.

Sensibilização: A HCB tem tido a oportunidade de interagir com o público a vários níveis. Interagiu com eles, sensibilizando-os para as oportunidades que lhes são oferecidas no tratamento do lixo. E com os hotéis e restaurantes para os fazer aderir a esta iniciativa. Esta instituição tem feito diferentes apresentações adaptadas a todos os tipos de público, desde o nível elementar ao universitário, e também com mais públicos ao fazer apresentações sobre compostagem.

- O evento é criado:

- ➢ Ser reconhecido pelo governo haitiano (GovH)
- ➢ Identificar o conselheiro pedagógico
- ➢ Fabrico de produtos de compostagem
- ➢ Inscrição de estudantes
- ➢ Donativos escolares
- ➢ Doações de empresas

4.1.7 objetivo:

A HCB está a tentar estabelecer uma presença mais forte no Haiti. No futuro, a HCB espera transformar este local de compostagem numa secção de ferramentas de aprendizagem para várias escolas. Através de visitas guiadas ao local e demonstrações de diferentes métodos de compostagem, a HCB pode tornar-se um recurso para aprender mais sobre compostagem.

Figura 4-1: Atividade funcional

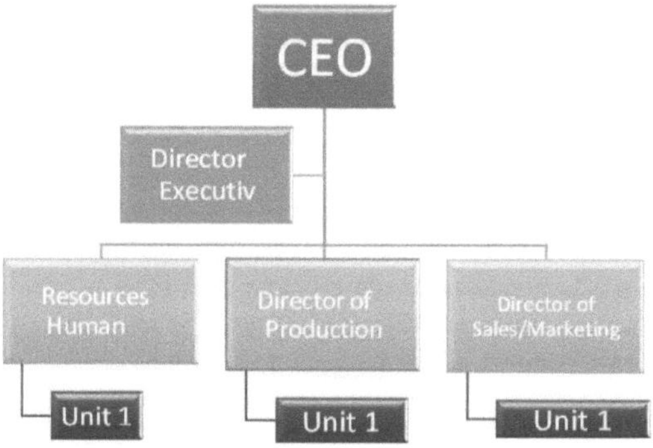

4.2 Categorização dos resíduos recolhidos nos mercados, nos lares e nos restaurantes da zona de 2018 a 2021;

Os resíduos recolhidos pela Haiti Compost Business são classificados de acordo com dois critérios: o local onde são recolhidos e a sua capacidade de decomposição.

4.2.1 Classificação de acordo com o local de recolha de resíduos

1) Domésticos: Matéria orgânica (biomassa de plantas vegetais, cascas de banana, restos de refeições, etc.) e plásticos, cobre e outros materiais.
2) Restaurantes : Matéria orgânica (biomassa de plantas vegetais, cascas de banana, restos de refeições, etc.), cobre e outros materiais.
3) Jardim: Matéria orgânica (folhada, restos de culturas, raízes vivas, fezes de animais, restos de plantas em decomposição, palha de coqueiro ou de palmeira, etc.).

4.2.2 Classificação de acordo com a capacidade de decomposição Resíduos não biodegradáveis

Os resíduos não biodegradáveis são resíduos que não podem ser decompostos por organismos vivos. De acordo com a HCB, os diferentes tipos de resíduos não biodegradáveis recolhidos durante o trabalho são: cobre, ferro, plásticos, etc.

Resíduos biodegradáveis compostáveis

Os resíduos biodegradáveis são resíduos que podem ser decompostos por um organismo vivo e são frequentemente designados por resíduos fermentáveis. Os resíduos biodegradáveis recolhidos pela HCB nos vários locais incluem cascas de banana e de inhame, cartão, restos de refeições de origem vegetal, etc.

4.3 Análise dos aspectos socioeconómicos deste sistema de compostagem realizado pela HCB na zona de 2018 a 2021;

Avaliar uma população inteira pareceria um pouco difícil e muito complexo, dado o elevado número de habitantes da zona. Por conseguinte, para gerir o custo e o tempo do trabalho, tivemos de escolher uma amostra de 50 habitantes da zona, divididos em duas categorias, tais como :

- **Categoria 1**: Residentes que conhecem o negócio de compostagem do Haiti
- **Categoria 2:** Moradores que não conhecem o Haiti Compost Business

Quadro 4-2: Número de habitantes para cada categoria

Grupo	Número de agregados familiares	Percentagem
Categoria 1	30	60%
Categoria 2	20	40%
Total	50	100%

Fonte: Inquérito do autor, fevereiro de 2022

De acordo com os resultados apresentados na tabela acima, foram inquiridos 50 agregados familiares. Destas, 30 (60%) conheciam o Haiti Compost Business e 20 (40%) não sabiam da sua existência. O inquérito mostra que a maioria das pessoas da zona tem conhecimento da HCB. Isto mostra que a empresa tem feito um trabalho social na zona, onde a maioria das pessoas a conhece, de acordo com os resultados da amostra representativa.

4.3.1 Informações gerais sobre a população inquirida

Quadro 4-3: Repartição dos chefes de família por sexo

Género	Categoria 1	Categoria 2	Total	Percentagem
Masculino	17	11	28	56%
Feminino	13	9	22	44%
Total	30	20	50	100%

Fonte: Inquérito formal, fevereiro de 2022

De acordo com os dados apresentados no quadro acima relativo ao sexo dos chefes de família na zona do Carrefour des Pères, foram inquiridos 50 agregados familiares. Destes, a maioria dos chefes de família, ou seja, 28 com uma percentagem de 56%, eram homens (17 na categoria 1 e 11 na categoria 2) e 22, ou seja, 44%, eram mulheres (13 na categoria 1 e 9 na categoria 2).

Quadro 4-4: Nível etário

Idade	Categoria 1	Categoria 2	Total	Percentagem
20-35 anos de idade	10	6	16	32%
36-60 anos de idade	14	9	23	46%
61 anos ou mais	6	5	11	22%
Total	30	20	50	100%

Fonte: Inquérito do autor, fevereiro de 2022

No que diz respeito à idade, o quadro acima apresenta os resultados para as 50 famílias inquiridas, sendo os resultados para cada faixa etária os seguintes: a maioria dos chefes de família situa-se na faixa etária dos 36-60 anos, com 23 famílias que representam 46% (14 para a categoria 1 e 9 para a categoria 2). Nesta faixa etária, as pessoas são puramente adultas e é nesta fase que as suas decisões são frequentemente firmes. 16 agregados para a faixa etária 20-35 anos com uma percentagem de 32% (10 para a categoria 1 e 6 para a categoria 2) e o menor número na faixa etária 61+ é de 11 agregados ou 22% (6 para a categoria 1 e 5 para a categoria 2).

Figura 4-2: Nível de educação dos inquiridos

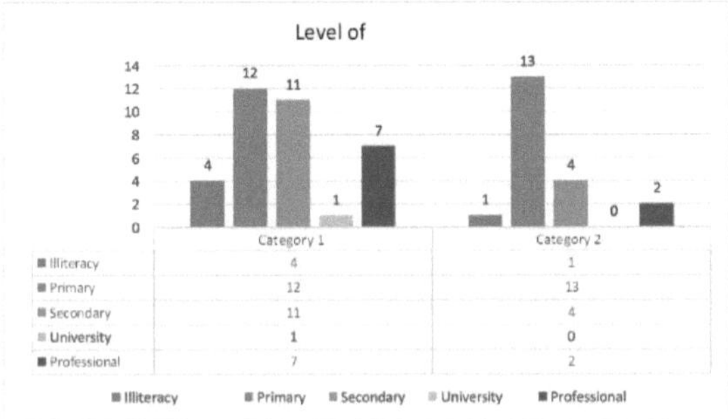

	Category 1	Category 2
Illiteracy	4	1
Primary	12	13
Secondary	11	4
University	1	0
Professional	7	2

Fonte: Inquérito do autor, fevereiro de 2022

O nível de instrução dos chefes de família da zona do Carrefour des Pères é apresentado na figura anterior para cada categoria. De acordo com o inquérito efectuado na zona, a maioria dos chefes de família da categoria I tem o ensino primário (12 famílias), 11 têm o ensino secundário, 7 são profissionais, 4 são analfabetos e 1 tem um diploma universitário. Para a categoria II, mais uma vez a grande maioria, 13 agregados familiares, tem o ensino primário, 4 têm o ensino secundário, 2 são profissionais, 1 é analfabeto e, finalmente, não tem formação universitária. As duas categorias mostram, portanto, que a maioria das pessoas da zona tem o ensino primário. Quanto mais elevado for o nível de instrução de uma pessoa, mais elevado é o seu nível de conhecimentos. Isto mostra a importância do nível de educação dos chefes de família deste estudo para que tenham mais conhecimentos sobre o conceito de gestão de resíduos e sobre a compostagem efectuada pela HCB na zona do Carrefour des Pères.

Figura 4-3: Principais actividades do agregado familiar

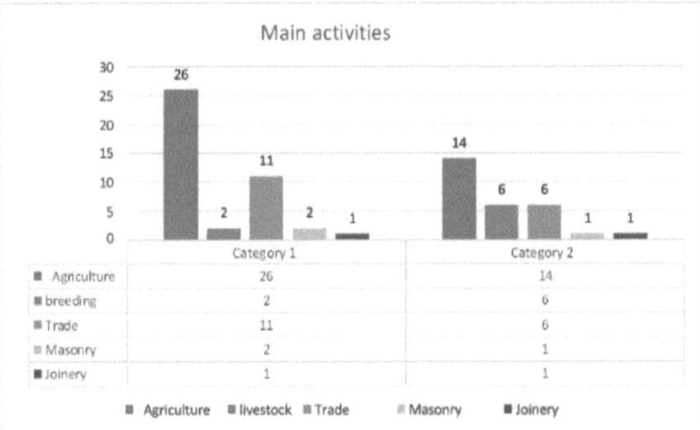

	Category 1	Category 2
Agriculture	26	14
breeding	2	6
Trade	11	6
Masonry	2	1
Joinery	1	1

Fonte: Inquérito do autor, fevereiro de 2022

Para assegurar o bom funcionamento dos serviços primários de um agregado familiar, eram necessárias actividades diárias que pudessem satisfazer as suas necessidades socioeconómicas. Os resultados do inquérito a uma amostra de agregados familiares na área são apresentados na figura acima para cada categoria de inquirido. Para a categoria I, a maioria das pessoas eram agricultores (26), comerciantes (11), criadores de gado (2), construtores de edifícios (2) e carpinteiros (1). Na segunda categoria, há ainda mais agricultores, com 14 chefes de família, 6 criadores de gado, 6 comerciantes, 1 construtor e 1 carpinteiro. Ambas as categorias têm o maior número de agregados familiares agrícolas. Os resultados deste inquérito mostram, portanto, que a principal atividade geradora de rendimentos para os habitantes da zona do Carrefour des Pères é a agricultura. A importância das principais actividades dos habitantes da zona é muito importante para o estudo, a fim de influenciar o aspeto económico deste trabalho. O aumento ou a diminuição destas actividades pode aumentar ou diminuir a economia da zona.

Figura 4-4: Estrutura do habitat

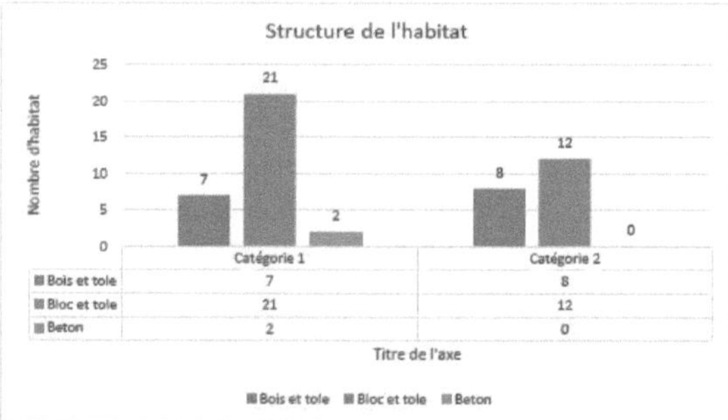

	Catégorie 1	Catégorie 2
Bois et tole	7	8
Bloc et tole	21	12
Beton	2	0

Fonte: Inquérito do autor, fevereiro de 2022

No que diz respeito à estrutura das habitações da zona, a figura acima apresenta resultados que mostram em cada categoria o número de habitantes para cada tipo de habitação. Como resultado, há um maior número de pessoas (21) vivendo em bloco e habitação total, 7 vivendo em madeira e chapa metálica e 2 em betão na Categoria 1. Para a segunda categoria, mais uma vez, a maior proporção vive numa habitação de bloco e chapa com 12 habitantes, 8 vivem numa habitação de madeira e chapa e, finalmente, nenhuma pessoa vive apenas em betão.

A forma como a casa é construída pode traduzir-se pelo facto de a pessoa ter um nível económico mais baixo. Neste sentido, ambas as categorias de habitantes têm casas construídas em bloco e estanho. Isto significa que o nível económico das pessoas da zona não é demasiado pobre.

Abastecimento de água

Em todas as categorias, 100% dos habitantes utilizam água de poço para as suas necessidades primárias. Existe apenas um curso de água que atravessa a secção comunal de Génipailler, mas não chegou às partes habitáveis da zona.

4.3.2 A opinião do público sobre os resíduos

Figura 4-5: Problemas associados aos resíduos

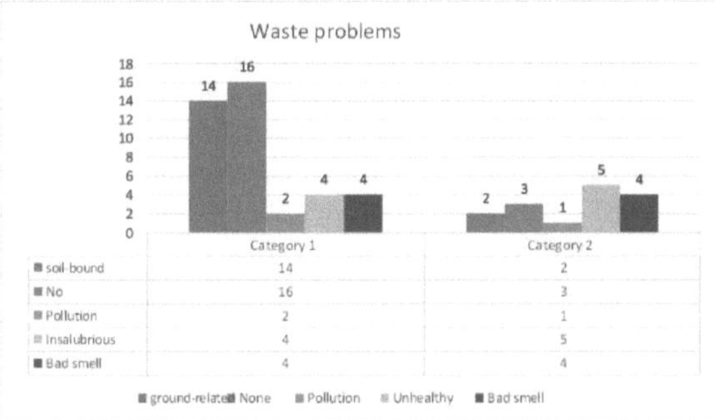

Fonte: Inquérito do autor, fevereiro de 2022

Os habitantes da zona do Carrefour des Pères têm muitos problemas com os resíduos. No entanto, a taxa de impacto negativo destes resíduos é muito diferente para os dois grupos. De facto, foram obtidos os seguintes resultados para a Categoria 1: a maior proporção de agregados familiares (16) não teve quaisquer problemas, porque o trabalho da HCB na área ajudou-os a aprender sobre a gestão de resíduos; 14 tiveram problemas relacionados com o solo com resíduos de plástico; 4 tiveram problemas com maus cheiros; 4 tiveram problemas com condições insalubres; e 2 tiveram problemas com poluição. A categoria 2 também tem problemas com os resíduos usados: 5 agregados familiares, a maioria em condições insalubres, 4 com maus cheiros, 3 sem quaisquer problemas, 2 com resíduos relacionados com o solo e 1 com poluição. Neste sentido, a maioria das pessoas que conhecem o HCB não enfrentam problemas com os resíduos. Por outro lado, a maioria das pessoas que não conhece o HCB tem condições insalubres. A presença de HCBs na área tem um efeito positivo nas pessoas que os conhecem.

Figura 4-6: Conhecimentos sobre gestão de resíduos

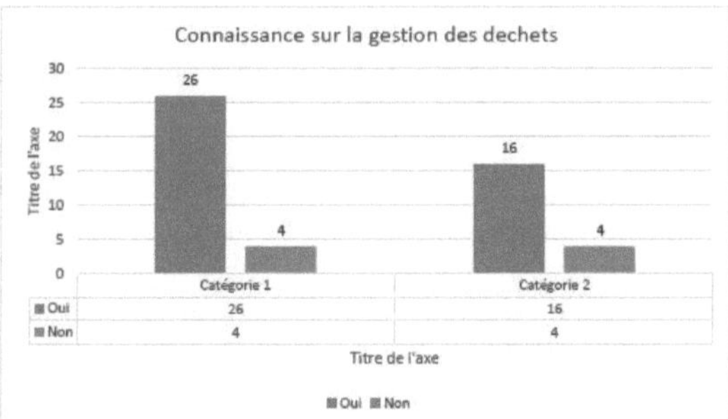

Fonte: Inquérito do autor, fevereiro de 2022

No que diz respeito à gestão de resíduos, as pessoas envolvidas precisam de ter conhecimento do assunto para saberem como geri-lo corretamente. Isto reduzirá consideravelmente a taxa de impacto negativo. Das 50 pessoas inquiridas, divididas em 2 categorias, a maioria respondeu positivamente à questão do conhecimento sobre a gestão de resíduos: 26 responderam afirmativamente na primeira categoria, em comparação com 4 que responderam negativamente. Na segunda categoria, 16 deram uma resposta positiva e 4 uma negativa. Em suma, o número total de pessoas que responderam sim à pergunta sobre o conhecimento dos resíduos foi de 42 agregados familiares, ou 84% (86,66% para a Categoria 1 e 80% para a Categoria 2), em comparação com 8 agregados familiares que responderam não, ou 16% (13,33% para a Categoria 1 e 20% para a Categoria 2). Quanto mais pessoas souberem como gerir os resíduos, menor será o seu impacto no ambiente e os outros também o saberão. Por outro lado, pode haver um certo grau de ignorância nesta gestão, porque a maioria das pessoas sabe como gerir os resíduos domésticos.

Figura 4-7: Método de gestão de resíduos

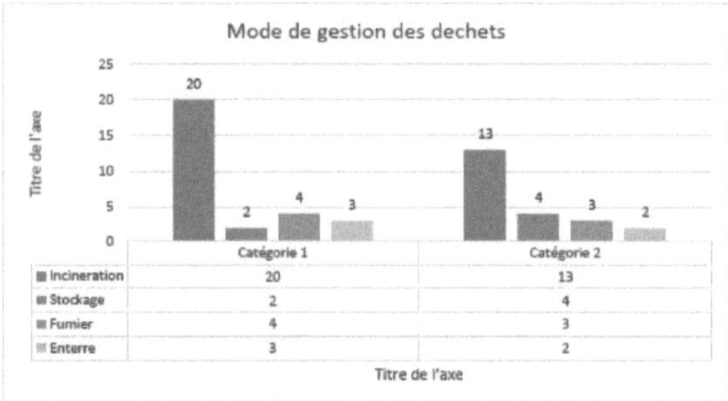

Fonte: Inquérito do autor, fevereiro de 2022

Uma vez que a recolha de resíduos é a principal atividade da Haiti Compost Business, é seguida de vários métodos de gestão. Como resultado, quando avaliámos a forma como as pessoas na área gerem os seus resíduos, descobrimos que existem diferentes formas de os gerir. O gráfico acima mostra as quatro formas de gestão dos resíduos que os agregados familiares têm em cada categoria. Na categoria dos chefes de família que conhecem a HCB (categoria I), o número de habitantes que gerem os seus resíduos por incineração é de 20 famílias, o que representa 66,66%, é 5 vezes maior do que aqueles que os gerem por estrume com um número de 4 famílias. 3 gerem os seus resíduos por aterro e 2 enterram os seus resíduos (10 vezes menos que a incineração). Para aqueles que não conhecem o HCB (Categoria II), 13 agregados familiares (65%) incineraram os seus resíduos, ou seja, 4,33 vezes mais do que aqueles que utilizam estrume, com 3 agregados familiares. 4 armazenaram os seus resíduos e 2 enterraram-nos. Por conseguinte, apesar do conhecimento da maioria da população relativamente à gestão de resíduos na figura imediatamente acima (Figura 4.6), a maior parte deles é gerida por incineração, o que é realmente tóxico para os seres humanos devido à poluição do ar.

Figura 4-8: Conhecimento dos efeitos dos resíduos no ambiente

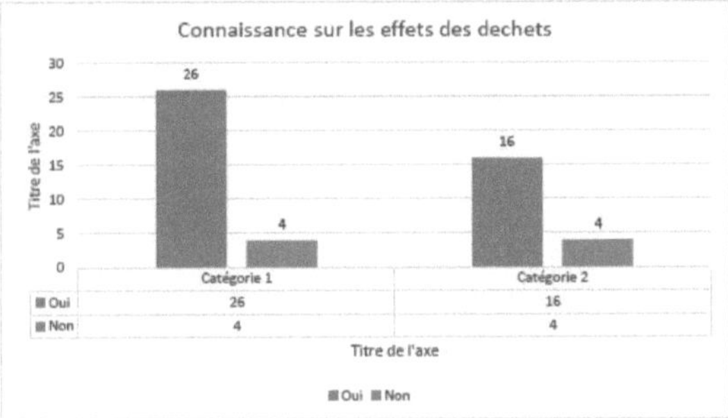

Fonte: Inquérito do autor, fevereiro de 2022

O conhecimento dos residentes locais sobre os efeitos dos resíduos no ambiente é de grande importância para o estudo. Isto porque quanto mais as pessoas souberem como os resíduos podem afetar o ambiente, mais bem protegido estará o ambiente. Assim, com base nas diferentes respostas dadas pelos inquiridos na figura acima. A maioria da população da área do Carrefour des Pères, 42 agregados familiares com uma percentagem de 84%, conhecia o impacto dos resíduos (26 para a categoria I e 16 para a categoria II), enquanto um número muito pequeno, 8 ou 16% (4 para a categoria I e 4 para a categoria II), não conhecia os efeitos dos resíduos no ambiente.

Podemos dizer que as pessoas da zona têm razões reais para gerir bem os resíduos. Se conhecerem realmente os vários problemas que uma má gestão de resíduos pode causar, terão um forte interesse em gerir os resíduos.

4.3.3 A opinião do público sobre o HCB

Figura 4-9: Interesse dos residentes locais na existência do Haiti Compost Business

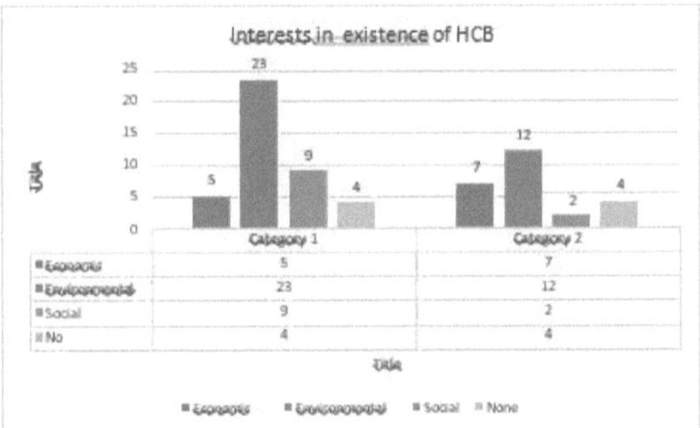

Fonte: Inquérito do autor, fevereiro de 2022

Cada instituição que intervém, seja em que domínio for, num território, deve ter não só interesses pessoais, mas também interesses para o seu ambiente. As populações da zona de intervenção devem beneficiar direta ou indiretamente da instituição em ação. No que respeita aos interesses da existência da HCB para os habitantes da zona, os resultados foram obtidos separadamente para cada categoria. Para a primeira categoria, os inquiridos exprimiram os seguintes interesses: o maior número tem um interesse ambiental, com 23 proprietários representando 76,66%, 9 têm um interesse social, 5 têm um interesse em poupar dinheiro e 4 não têm qualquer interesse. Para a segunda categoria: outros 12 inquiridos, representando 60%, estavam principalmente interessados no ambiente, 7 na economia, 2 em questões sociais e 4 não tinham qualquer interesse.

Podemos assim deduzir que a maioria dos habitantes da zona tem um verdadeiro interesse ambiental pela existência do HCB na zona do Carrefour des Pères, mostrando-lhes como gerir o ambiente da zona e reduzir a quantidade de resíduos presentes ou realizando acções de formação sobre o assunto.

Figura 4-10: Contribuição dos residentes locais para o trabalho da HCB

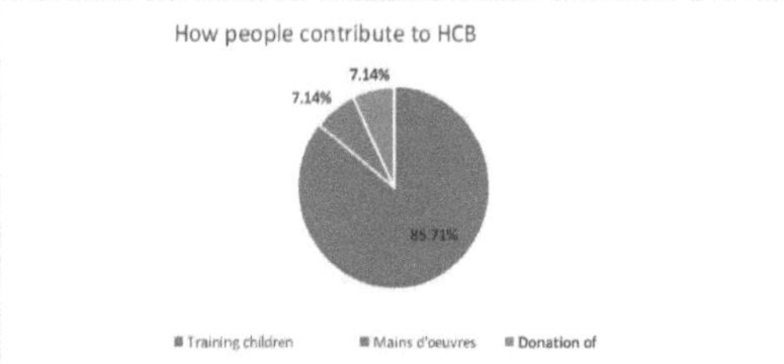

Fonte: Inquérito do autor, fevereiro de 2022

A figura acima mostra as formas como os habitantes da zona contribuem para a existência desta empresa para os proprietários que conhecem a HCB. Dos 30 moradores inquiridos, 14 46,66%) responderam sim e 16 53,33%) responderam negativamente sobre as suas contribuições para o trabalho desenvolvido pela HCB. Entre os moradores que responderam sim, 12 deles, ou seja, 85,71%, contribuíram para o trabalho da Haiti Compost Busines enviando os seus filhos para o curso de formação, 1, ou seja, 7,14%, contribuiu com a sua própria mão de obra e 1, ou seja, 7,14%, doando resíduos a organizações. Este gráfico mostra a percentagem de residentes que contribuíram de alguma forma para a sua existência e manutenção.

Figura 4-11: Incómodo de HCB

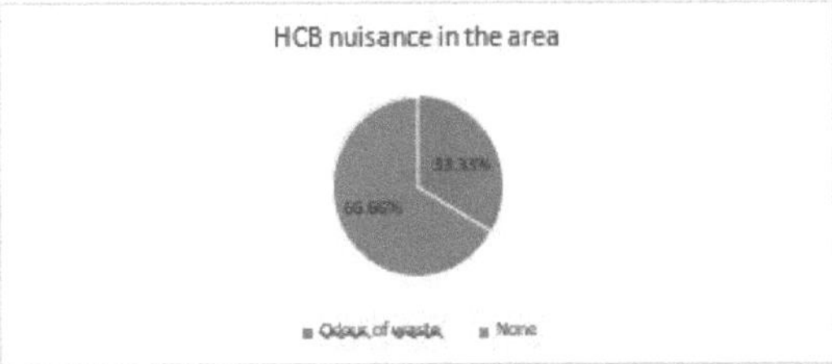

Fonte: Inquérito do autor, fevereiro de 2022

A figura acima mostra as respostas dos inquiridos na categoria I (pessoas que conhecem a HCB) sobre a nocividade do trabalho realizado pela HCB na área. De acordo com os resultados obtidos pelos 30 inquiridos, a maioria da população, ou seja, 20 agregados familiares (66,66%) não sofrem com o trabalho da HCB e 10 agregados familiares (33,33%) sofrem com o cheiro dos resíduos.

Quadro 4-5: Entrada de HCB na zona

Inquiridos	Recursos	Quantidade	Total	Percentagem
Sim	Formação	15	18	60%
	Produtos alimentares	3		
Não		12	12	40%
Total			30	100%

Fonte: Inquérito do autor, fevereiro de 2022

A tabela acima mostra que a HCB deu uma contribuição social significativa na zona do Carrefour des Pères, uma vez que a maioria das pessoas recebe formação e produtos alimentares, ou seja, 18 em 30, o que representa 60%. Os outros 40% não receberam nada em termos de contribuição da HCB para a zona.

Para a segunda categoria :

A categoria de agregados familiares que não estão familiarizados com o Haiti Compost Business é a seguinte 20. Como resultado, uma vez que não conhecem esta atividade na área, não podem contribuir para o trabalho da HCB e não podem utilizar o composto. A totalidade da categoria, ou seja, 100%, não o utiliza por falta de conhecimento. As actividades levadas a cabo pela organização não os prejudicam de forma alguma e não beneficiam em nada do trabalho desenvolvido na zona.

4.3.4 Opinião dos inquiridos sobre o sistema de cultivo da zona

Figura 4-12: Tipos de culturas utilizadas pelos agregados familiares

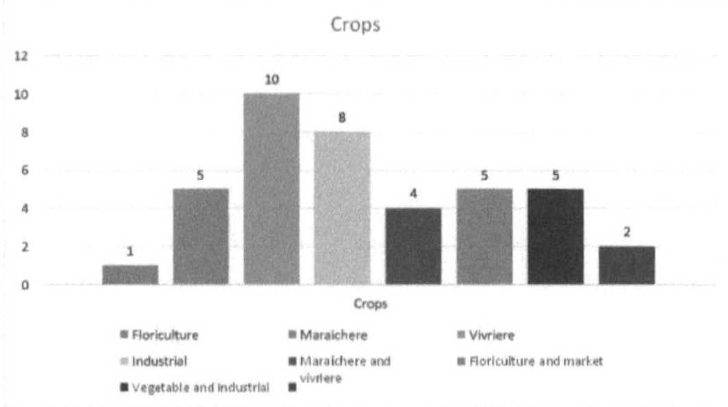

Fonte: Inquérito do autor, fevereiro de 2022

A agricultura é a principal atividade económica da zona do Carrefour des Pères. Este gráfico dá uma ideia geral do número de agricultores que praticam um tipo de cultura. A maioria (10 famílias) cultiva culturas alimentares, o que representa 25%, enquanto as culturas industriais vêm em segundo lugar com 8 agricultores. Além disso, este estudo mostra que a floricultura é a cultura menos utilizada na zona, com 1 agricultor. Uma vez que os agricultores só utilizam efetivamente as culturas hortícolas, não podem utilizar o composto para outras culturas cultivadas em campo aberto, pois seria demasiado caro para eles. Por conseguinte, o fabrico de composto HCB não influencia os rendimentos agrícolas da maioria dos agricultores da região.

Figura 4-13: Tipos de agricultura de acordo com o espaço utilizado pelos agregados familiares na zona

Quanto aos tipos de agricultura praticados na zona, os agricultores adoptaram três métodos: o método de campo aberto, o método da horta e ambos.

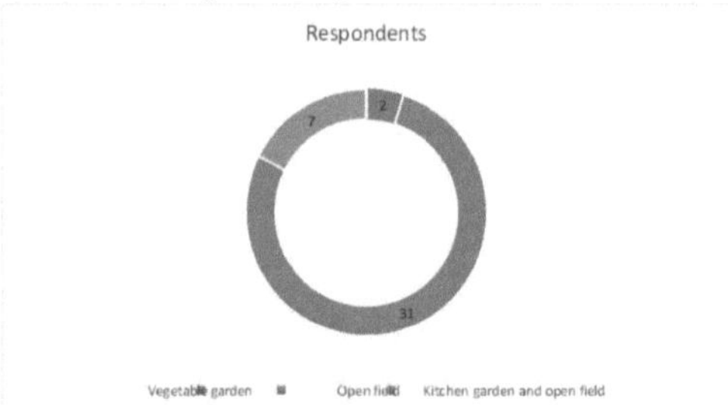

Fonte: Inquérito do autor, fevereiro de 2022

No que se refere à forma como os habitantes da zona desenvolvem as suas actividades agrícolas, trata-se de uma questão de campo aberto e de horticultura. Por conseguinte, pode ter um impacto económico importante o facto de praticarem a agricultura em campo aberto ou a horticultura, ou ambas. No que se refere às actividades agrícolas na zona, 40 chefes de família responderam afirmativamente. Destes, a figura acima mostra que a maioria praticava a agricultura em campo aberto, com 31 agregados familiares representando 77,5%, o número de horticultores e 2 e 7 agregados familiares praticavam ambas as actividades ao mesmo tempo, o que significa que quanto maior a área, maior a produção, o que pode ter um impacto positivo na economia do agricultor.

Figura 4-14: Objectivos das actividades agrícolas dos agricultores da zona

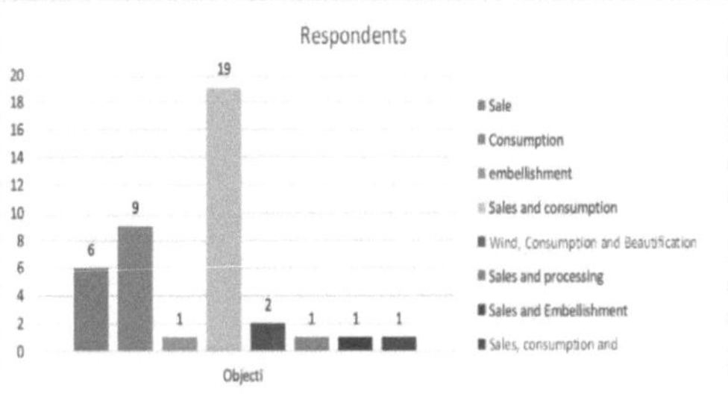

Fonte: Inquérito do autor, fevereiro de 2022

Dado que a figura das principais actividades anteriores (Figura 4.3) mostra que a agricultura é a principal atividade económica dos habitantes da zona, os produtos agrícolas produzidos pelos agricultores da zona têm objectivos muito específicos que podem ajudá-los a gerir bem a sua vida social, económica e ambiental. Neste sentido, esta figura apresenta as diferentes finalidades dos produtos agrícolas dos 40 agricultores inquiridos da seguinte forma: 19 agricultores, ou seja, 47,5%, vendiam e consumiam os seus produtos ao mesmo tempo; 9 agricultores, ou seja, 22,5%, apenas consumiam os seus produtos; 6 agricultores, ou seja, 15%, vendiam os seus produtos; 2 agricultores, ou seja, 5%, consumiam, vendiam e embelezavam os seus produtos ao mesmo tempo; e, finalmente, 1 agricultor, ou seja, 2.Estes resultados mostram que as pessoas da zona utilizam os produtos agrícolas para satisfazer uma grande parte das suas necessidades alimentares, consumindo os seus próprios produtos e vendendo-os.

4.3.5 Apresentação da quantidade de composto produzido em libras pela HCB de 2018-2021

Figura 4-15: Quantidade de composto produzido pela Haiti Compost Business de 2018 a 2021

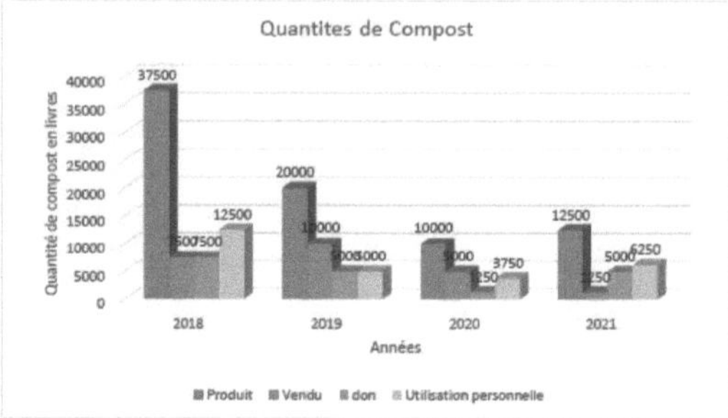

Fonte: Inquérito do autor, fevereiro de 2022

Dado que o estudo está a ser realizado nos últimos quatro anos (2018-2021), a figura acima mostra a quantidade de composto produzido, vendido, doado e utilizado pessoalmente pela empresa em libras. Em 2018, foram produzidas 37.500 libras de composto. Destas, 7500 ou 20% foram vendidas, 7500 ou 20% foram doadas, 12500 ou 33,33% foram utilizadas pessoalmente e 10.000 ou 26,66% foram deixadas intactas. Em 2019, a quantidade foi reduzida para 20 000 livros. Desta quantidade, 10 000 livros (50%) foram vendidos, 5 000 livros (25%) foram doados e a mesma quantidade foi utilizada pessoalmente. Em 2020, a quantidade produzida foi reduzida em 50%, ou seja, 10.000 livros. Destes, 5.000 livros (50%) também foram vendidos, 1.250 livros (12,5%) foram doados e 3.750 livros (37,5%) foram utilizados pessoalmente. No último ano do estudo, registou-se um aumento de 25% em relação ao ano anterior, ou seja, 12 500 livros produzidos para 2021. No mesmo ano, foram vendidas 1.250 libras de composto (10% da quantidade produzida), 5.000 libras (40%) foram doadas e 6.250 libras foram utilizadas pessoalmente. Um total de **80.000 libras (36,28 toneladas)** de composto foi produzido durante os 4 anos de estudo. Nos últimos três anos, houve uma queda acentuada na produção de composto pela Haiti Compost Business. Isso se deve ao fato de que uma alta porcentagem, 26,66%, do composto foi deixada intacta. Por outro lado, as quantidades de composto vendido, doado e utilizado pessoalmente são quase iguais ao longo dos quatro anos do estudo. O que podemos deduzir é que, embora haja uma diminuição da produção, esta não tem um impacto demasiado grande na quantidade vendida, doada e utilizada pessoalmente.

4.3.6 Conta de exploração da HCB

A conta de ganhos e perdas explica as despesas efectuadas e as receitas geradas no decurso de uma atividade durante um determinado período de tempo. É utilizada para determinar o resultado. Em termos contabilísticos, as despesas são designadas por "Gastos" e as receitas por "Rendimentos", razão pela qual é também designada por Conta de Ganhos e Perdas (CIRAD/GRET, 2002).

Quadro 4-6: Apresentação da conta de exploração da empresa

Despesas (Encargos)		Entrada (produtos)	
Artigos	Custo	Artigos	Custo
6 pás	1 800	Composto vendido em 2018	105 000
6 garfos	4 800	Composto vendido em 2019	157 000
1 Termómetro	6 803	Composto vendido em 2020	200 450
1 carrinho de mão	6 803	Composto vendido em 2021	215 735.45
6 Ancinho	1 800		
4 enxadas	2 400		
4 Tambor	6 000		
Remuneração			
Total	30.406 gds		678 185,45 gds
Lucro líquido			647 779,45

Fonte: Inquérito do autor, abril de 2022

Neste sentido, a conta de exploração agrícola da empresa dá uma ideia da economia da HCB. Nos quatro anos de produção de composto, a HCB poupou 674.779,45 gds.

4.4 Descrição dos parâmetros de decomposição do sistema de compostagem no estudo de zona em 2021

Os parâmetros de decomposição são, portanto, todas as subtilezas que podem aumentar ou diminuir a taxa de decomposição dos resíduos de compostagem.

4.4.1 Abrandar o processo de decomposição

O fabrico do composto que a Haiti Compost Business efectuou na zona parece ser um pouco complexo. Por conseguinte, pode haver um abrandamento na duração do ciclo devido a esta complexidade. O abrandamento do ciclo pode, portanto, ser devido a várias causas, tais como :

Falta de manutenção: O Diretor Geral da empresa descreve as dificuldades encontradas na realização deste trabalho, quer por falta de tempo, quer por falta de recursos financeiros. Isto porque a HCB é uma empresa independente em termos de funcionamento e de fonte de financiamento. De facto, quando os materiais não recebem manutenção suficiente (rega, desvio, arejamento, controlo de temperatura), o processo de decomposição destes materiais torna-se mais lento (Inquérito do autor, dezembro de 2021).

Demasiada exposição ao sol: A matéria em decomposição precisa de um mínimo de humidade para ser funcional. Isto porque a humidade é necessária para a atividade metabólica dos microrganismos (FAO, 2005). Isto foi observado na parte exterior da pilha de composto. Esta parte, que não é húmida, não funciona realmente, porque não contém microrganismos suficientes para fazer a pilha funcionar. Por esta razão, foi recomendado o desvio regular para que todas as partes tenham humidade suficiente e a temperatura máxima também no fundo da pilha. Para resolver este problema, a HCB utilizou caixas de cartão e/ou esteiras para manter o sol afastado e fermentar a pilha.

Matérias-primas espessas: Não é possível definir um período de maturação, pois este depende da composição das matérias-primas (ZNAÏDI, 2022). Quanto mais espessos forem os materiais orgânicos a compostar, mais lenta será a decomposição. Neste sentido, a equipa da HCB constata frequentemente que cada vez que os materiais não são reduzidos a matéria mais fina, o processo de compostagem demora muito mais tempo do que o habitual.

4.4.2 Acelerar o processo de decomposição

A compostagem de HCB na zona do Carrefour des Pères é um sistema que funciona muito bem a uma temperatura média máxima de 73,88°C. O processo é rápido e a rapidez do processo de decomposição deve-se a vários factores, incluindo a fermentação, que se consegue cobrindo a pilha com um tapete ou pedaços de cartão para manter a humidade dentro da pilha em permanência. O processo é rápido, e a velocidade do processo de decomposição deve-se a vários factores, incluindo a fermentação, que conseguiu cobrir a pilha com um tapete ou pedaços de cartão para manter sempre a humidade no interior da pilha, o desvio regular para reativar os microrganismos, assegurando as suas actividades metabólicas e para colocar no fundo da pilha os materiais maiores que ainda não se decompuseram, a utilização de materiais finos que se decompõem mais rapidamente, a rega regular para assegurar que a pilha está sempre húmida e para motivar os microrganismos a trabalhar, o arejamento para a sobrevivência dos microrganismos aeróbios. Além disso, o fator que mostra o nível de decomposição é a temperatura.

4.4.2.1 A temperatura

Figura 4-16: Registo da temperatura do HCB em ºC

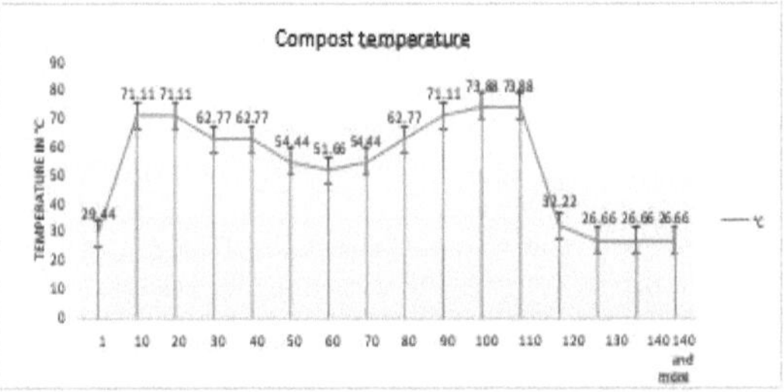

Fonte: Inquérito do autor, fevereiro de 2022

O nível de temperatura deste composto foi monitorizado utilizando um dispositivo conhecido como "Termómetro". E é verdade que este termómetro recolheu dados em graus Fahrenheit, mas foi utilizada uma fórmula para converter estes dados em graus Celsius para serem semelhantes aos das revisões da literatura. A fórmula utilizada para converter os dados é T(°C) =T(°F)-32/1.8. As temperaturas foram registadas quase de dez em dez dias. A temperatura inicial do composto nos primeiros dias era de 85°F, ou 29,44°C. Na segunda e terceira semanas, ou seja, cerca de dez e vinte dias, a temperatura sobe para 160 °F, ou seja, 71,11 °C (APÊNDICE V). A temperatura desce então para 125 °F, ou seja, 51,66 °C, em cerca de sessenta dias, ou seja, na oitava semana. Após mais de 90 dias, a temperatura atingiu o nível mais elevado do ciclo, com 165 °F, ou seja, 73,88 °C. A temperatura excedeu mesmo a da revisão da literatura, que é de 65,55 °C. É nesta fase que os microrganismos estão mais activos e os materiais maiores são decompostos pelos microrganismos mais robustos. Em cerca de 120 dias, a temperatura começa a baixar para 85 °F ou 32,22 °C. Dez dias mais tarde, o produto está pronto a ser utilizado a uma temperatura de 26,66 °C (80 (o)F). E esta temperatura mantém-se durante alguns dias. Nesta fase, toda a matéria já se decompôs e foi reduzida a partículas finas. Nesta altura, podemos falar da fase de maturação.

4.4.3 Apresentação das diferentes entrevistas

Antes do início do processo de decomposição da matéria orgânica, são efectuadas as seguintes tarefas: classificação dos resíduos, redução da matéria grosseira a pedaços mais finos, rega e limpeza da área de preparação. Para começar, os resíduos são dispostos em camadas alternadas de material castanho e verde para formar a pilha. Os materiais são desviados e regados de 22 em 22 dias para garantir que a pilha é arejada para que o processo decorra sem problemas. As medições de temperatura são efectuadas de dez em dez dias para avaliar o nível de decomposição dos materiais. Uma vez concluído todo o processo de decomposição, o composto chega à fase de maturação, onde é realizado o serviço de peneiramento para reduzir o composto obtido a partículas mais finas e também para embalá-lo em sacos com uma quantidade de 50 libras cada (Levantamento do autor, 2022).

4.5 Realização de análises químicas e microbiológicas do composto em laboratório

Os fertilizantes são tão bons quanto o seu conteúdo. O desenvolvimento e o crescimento das culturas são duas acções fundamentais no processo das plantas na produtividade da agricultura em todo o mundo. Por esta razão, foram efectuados testes laboratoriais para identificar a proporção de elementos no composto. Em primeiro lugar, foi efectuado um teste químico para verificar os elementos químicos presentes no composto. Em segundo lugar, foi efectuado um teste biológico para identificar os diferentes microrganismos presentes na amostra.

4.5.1 Ensaios químicos do composto

Quadro 4-7: Resultados dos elementos químicos identificados

Elemento	Resultado (Proporção)	Nível
Ph	6.6	Ácido, pH aproximadamente neutro
Condutividade	4,74 ms/cm	
Nitrogénio	224,17 kg/ha	
Fósforo	112,08 kg/ha	
Potássio	448,34 kg/ha	
Cálcio	6276,08 kg/ha	
Magnésio		Muito baixo

Fonte de dados: Fundação **IF** Produtor: Autor, 2022

Este quadro apresenta os resultados dos elementos químicos do composto a partir da amostra analisada no laboratório da **Fundação IF** na comuna de Milot. Para efetuar esta análise, um (1) grama de composto foi analisado e os resultados encontrados foram os seguintes: pH igual a 6 [(6] é bom para as culturas, pois a maior parte dos legumes necessita de um pH de cerca de 6 para funcionar (Jean-Marc C.,1983), condutividade de 4,74 ms/cm, 224,17 kg/ha de azoto, 112,08 kg/ha de fósforo, 448,34 kg/ha de potássio, 6276,08 kg/ha e uma proporção muito pequena de magnésio que não foi quantificada (APÊNDICE III), o que implica que quanto mais elevado for o nível de elementos químicos, mais as plantas encontrarão elementos suficientes para assegurar o seu crescimento e desenvolvimento.

4.5.2 Teste microbiológico do composto

Tabela 4-8: Apresentação dos resultados para os microrganismos identificados

Tipo de microrganismo		Número de indivíduos por grama de composto	Comprimento de microorganismos
Bactérias		54 144	27 072 000 000
Actinobactérias		1	648
Cogumelos		534	2 867
Oomicetos		72	1 242
Protozoários	Flagelos	0	
	Amebas	96 000	
	Ciliado	24 000	
Nemátodos	Predadores	1	
	Parasitas	Não identificado	
Número total de nemátodos encontrados		600	

Fonte de dados: Produtor da Fundação **IF**: Autor, março de 2022

O quadro acima mostra os resultados do teste efectuado no laboratório. Para efetuar este teste, foi utilizado um (1) grama de composto como amostra. Neste grama de composto analisado no laboratório da Fundação IF na comuna de Milot, estavam presentes numerosos microrganismos, nomeadamente 54.144 bactérias, 1 actinobactéria, 534 fungos, 72 oomicetos, protozoários (96.000 amebas, 24.000 ciliados) e 600 nemátodos. A relação de biomassa entre fungos e bactérias é igual a 0,010 (C/B=0,010). Outras matérias orgânicas identificadas na amostra: Esporos de fungos, ácido fúlvico, agregados húmicos (APÊNDICE IV).

4.6 Avaliação dos utilizadores de composto em 2018-2021

4.6.1 Utilizadores de composto na zona

Para a primeira categoria, no que diz respeito aos residentes: dos 30 agregados familiares inquiridos que tinham conhecimento da Haiti Compost Business, apenas 5, ou seja, 16,66%, utilizavam o composto. Destes utilizadores de composto, 3 receberam-no por pagamento e os outros dois por doação. Os outros 25, ou 83,33% dos inquiridos, não utilizam este composto. 13 deles não tinham conhecimento do composto, 7 por razões financeiras, 3 não estavam envolvidos na agricultura e 2 por nenhuma razão.

4.6.2 Nível de satisfação dos utilizadores de composto

Para os clientes externos, apenas 5 pessoas foram contactadas para facilitar a avaliação. Neste sentido, existe um resultado global para todos os utilizadores, ou seja, os 5 chefes de família da área de estudo e os 5 clientes externos. O quadro seguinte apresenta os resultados para os 10 utilizadores.

Quadro 4-9: Níveis de satisfação dos utilizadores de composto

Antes de	Depois			
Nível de satisfação	Quantidade	percentagem	Quantidade	Percentagem
Não satisfeito	5	50%	1	10%
Satisfeito	5	50%	6	60%
Muito satisfeito	0	0%	3	30%
Total	10	100%	10	100%

Fonte: Inquérito do autor, fevereiro de 2022

Ao analisar esta tabela, a avaliação é feita de acordo com dois períodos: um para ter uma ideia da sua satisfação com o seu trabalho agrícola sem o composto de HCB e outro para os avaliar após a utilização deste composto. Antes de utilizar o composto: 5 dos 10 agricultores (50%) não estavam satisfeitos com os seus rendimentos, 5 outros (50%) estavam satisfeitos e ninguém mostrou um alto nível de satisfação. Após a utilização do composto: 1 dos 10 escolhidos não estava satisfeito, a maioria dos utilizadores com uma quantidade de 6 ou 60% estavam satisfeitos com os seus rendimentos agrícolas e 3 representando 30% estavam muito satisfeitos.De acordo com os resultados obtidos, a utilização deste composto pelos agricultores tem um grande impacto positivo nos seus rendimentos agrícolas. Dos utilizadores interrogados, apenas 10% não estavam satisfeitos, enquanto a grande maioria (60%) estava satisfeita e 30% muito satisfeita com os seus rendimentos após a utilização deste composto. Podemos deduzir que o composto produzido pela HCB é muito eficaz quando utilizado nas suas culturas e pode também responder às necessidades económicas das famílias.

CAPÍTULO V
CONCLUSÃO E RECOMENDAÇÕES

5.1 Conclusão

A questão da gestão dos resíduos e da fertilização biológica, que representam um desafio e podem ter um impacto nos aspectos económicos, sociais e ambientais, são dicas que devem ser tidas em consideração. Este projeto de investigação científica, que se baseia numa análise dos impactos socioeconómicos e ambientais do fabrico de composto pela HCB na zona do Carrefour des Pères, é realizado com o objetivo de obter uma ideia global dos diferentes aspectos. Com base nos resultados obtidos nesta investigação, a presença da HCB desempenha um papel importante na zona, uma vez que 60% dos agregados familiares inquiridos tinham conhecimento da sua existência, contra 40% que não tinham. 53,33% dos agregados familiares da categoria 1 não encontraram qualquer problema com os resíduos, contra 25% da categoria 2, que encontraram um problema de insalubridade. 86,66% dos agregados familiares da categoria 1 afirmaram conhecer a gestão de resíduos e os efeitos dos resíduos, em comparação com 80% dos agregados familiares da categoria 2. Apesar dos seus conhecimentos sobre a gestão dos resíduos, 68% dos que conheciam o HCB puderam utilizar a incineração, contra 59,09% dos que não o conheciam. O número de chefes de família que manifestaram interesse pelo HCB foi de 76% para a categoria 1 e de 60% para a categoria 2. A hipótese 2 é, portanto, verificada, uma vez que o HCB tem um impacto positivo nos agregados familiares da área das seguintes formas: Social, através da formação em gestão de resíduos, do reforço da identidade rural e da redução do êxodo rural. Ambiental, através da expressão dos interesses dos chefes de família e da preservação da natureza através da consciencialização das partes interessadas. Económicos, através do aumento dos rendimentos agrícolas dos utilizadores do composto, com um elevado nível de satisfação e um aumento do poder de compra na zona. Para os utilizadores, os resultados foram os seguintes: Antes do composto: 50% não satisfeitos, 50% satisfeitos e 0% muito satisfeitos. Após a utilização do composto: 10% não satisfeitos, 60% satisfeitos e 30% muito satisfeitos.Na categoria que conhece a HCB: 85% contribui para a formação e 60% recebe formação e produtos alimentares da HCB (relação recíproca). No sistema de cultivo da zona, 40% cultivam culturas alimentares, 77,5% cultivam as suas culturas em campo aberto e 47,5% das pessoas objectivam os seus produtos para venda e consumo. O processo de decomposição é por vezes retardado por: falta de manutenção, exposição prolongada ao sol e materiais demasiado espessos para se decomporem rapidamente. Na maioria dos casos, no entanto, é acelerado pela fermentação, desvio regular, presença de matéria fina e rega regular. De facto, tem uma temperatura de 29,44°C no primeiro dia, atinge a temperatura máxima no $^{100°}$ dia a 73,88°C e amadurece a 26,66°C por volta do $^{130°}$ dia. Após análise laboratorial, contém uma quantidade razoável de NPK e um pH de 6,6, tornando-o adequado para culturas hortícolas. E 1 grama de composto contém 54.144 bactérias e 534 fungos. Analisados todos estes problemas e encontrados todos estes resultados, os problemas existirão sempre na zona se não houver intervenção de outras entidades. Porque, apesar de tudo o que a HCB está a fazer para ter um impacto positivo em toda a população, não está a conseguir. A HCB altera totalmente a vida económica das pessoas da zona. Basta que outros actores (Câmara Municipal, outras instituições privadas, agrónomos e técnicos, população local, etc.) tomem a iniciativa.

5.2 Recomendações

Para fazer face aos vários problemas observados durante este estudo, é necessário fazer algumas recomendações que também terão em conta os objectivos estabelecidos e os resultados obtidos. Estas recomendações dizem respeito à própria instituição (HCB), aos habitantes da zona, a outras instituições similares e também aos gestores (agrónomos e técnicos).

Para a instituição HCB

-Estabelecer um horário de trabalho bem organizado, especialmente para garantir que o ciclo de decomposição é respeitado para cada pilha de compostagem. Para além da formação dada às famílias e aos agricultores da zona, o objetivo é apoiá-los até à utilização ou gestão final dos resíduos e à produção final dos produtos agrícolas. Neste sentido, o trabalho social será mais aberto.

-Garantir a segurança de um arquivo desde a fundação da empresa e o trabalho efectuado para evitar o desaparecimento de certos dados importantes e sensíveis.

Outras instituições similares

Não embale os seus compostos em sacos de plástico não arejados para manter os microrganismos vivos.

-Continuar a organizar sessões de formação para os habitantes sobre a gestão dos resíduos, nomeadamente no que diz respeito aos fertilizantes e à sua utilização.

Gestores (Agrónomos e Técnicos)

Realizar investimentos profundos no sistema agrícola para resolver o problema da fertilização orgânica.

-Estabelecer aterros na zona para receber os resíduos domésticos.
-Realizar sessões de formação em toda a zona sobre a melhoria da agricultura sustentável.

-Realizar inquéritos no terreno na zona para descobrir por que razão as pessoas continuam a desperdiçar, apesar do seu conhecimento da gestão de resíduos.

Residentes da zona

-Saber como aplicar o princípio 3RVE (reduzir na fonte, reutilizar, reciclar), bem como a recuperação e a eliminação segura).
Não queime os resíduos de plástico para evitar poluir o ambiente doméstico.
-Não deitar os resíduos de plástico em terras aráveis para evitar a poluição do solo.

-Reunir e classificar os resíduos de plástico para armazenamento num aterro sanitário.
-Aprenda a transformar resíduos orgânicos em fertilizante para a agricultura num pequeno

local na sua própria casa.

-Trabalhar em estreita colaboração com a HCB na recolha de resíduos e na compostagem.

-Utilize de preferência fertilizantes puramente orgânicos nas suas actividades agrícolas.
-Aplicar os conselhos e princípios dados pelas autoridades estatais locais ou por instituições que trabalhem num domínio semelhante.

BIBLIOGRAFIA

Ben Rouina B., Gargouri K. (2002). "Une fertilisation non conventionnelle: L'utilisation des effluents des huileries en agriculture", Séminaire sur la gestion durable des systèmes de production oléicoles. Monastir-Tunísia 1/3/2002.

CIRAD/GRET, (2002). Mémento de l'agronomie. Ministério dos Negócios Estrangeiros, 1700 p.

ELHAFIANE S., (2012). "Gestion des déchets solides au niveau de la Commune Urbaine d'Agadir et leur impact sur le milieu naturel", 2012, 93 páginas.

Florian W., (2015). "Ensaio apresentado ao Centre universitaire de formation en environnement et développement durable com vista à obtenção do grau de Master of Environment (M.Env)", Quebeque, junho de 2015, 103 p.

GASTON BOUFFARD BSc, (2014). "Para um modelo de gestão de resíduos sólidos para municípios e RCMs". 2014, 194 páginas.

GRET/ FAMV, (1990). "Manuel d'agronomie tropicale appliquée à l'agriculture haïtienne", Ed Tardy Quercy, 213 rue La Fayette, 75010 Paris, FRANÇA, 1990, 464 p.

Hovard G., (2018).Haiti Compost Business, "La gestion des Déchets", maio de 2018.

IBI/DAA, MPCE, PNUD, (2013). "Esboço de um plano de desenvolvimento urbano para a cidade de Milot", Haiti, 83 p.

IHSI, (2015). "População total, população com 18 anos ou mais, agregados familiares e densidades estimadas", Bibliothèque Nationale d'Haïti, março de 2015, 131 p.

Jean-Marc C., (1983). "La planète Bleue, Ecologie, Institut de recherches Psychologiques, INC MontréalQuébec.
Bibliothèque nationale de Québec, 344 p.

Marc-Donald V. e Guy M., (2016). Dissertação sobre "Caracterização de 15 fazendas. agricoles de la commune de Milot, cas de la première section "Perches-de-Bonnet" au cours de l'année 2015 ". 126 páginas.

Marie Rose B., (2017).Dissertação de doutoramento sobre "Gestão dos resíduos sólidos domésticos e segregação socio-espacial na cidade de Conacri", Université Toulouse le Mirail - Toulouse II, 2017 560 p.

MARNDR, (1999). "Manuel de pratique de conservation des sols d'Haïti", Damien-BP 1441, 133 p.

Philippe F., Sem H., (2009). "Eléments d'un plan de développement de la 1ère section, Perches-de-Bonnet de Milot, CEFCAD", junho de 2009, 53 p.

Soniel M. e Museau H., (2010) "Comparative study of three (3) techniques of composting applied in a Haitian farming environment, the case of the commune of Plaine du Nord", dissertação da Université Chrétienne du Nord d'Haïti.

TICHADOU L., (2014). "Composting platform in a closed environment, Multidisciplinary approach to chemical risk assessment", outubro de 2014, 80 páginas.

ZNAÏDI Ibrahim El A., (2002). "Estudo e avaliação da compostagem de diferentes materiais.

types de matières organiques et des effets des jus de composts biologiques sur les maladies des plantes", Tunísia, 2002, páginas, 104 páginas.

WEBOGRAFIA

ADEME, (2021). "Le compostage", novembro de 2021. Disponível em: https://expertises.ademe.fr/economie- circulaire/dechets/passer-a-laction/valorisation-organique/compostage . Acedido em 10 de abril de 2022.

Anon, (2019). "PLANO NACIONAL DE GESTÃO DE RESÍDUOS,

DRAFT VERSION", abril de 2019, 168 p. Disponível em: http://www.consultations-publiques.developpement- durable.gouv.fr/IMG/pdf/2-projet_de_plan_national_degestion_desdechets.pd f. Acedido em 31 de janeiro de 2022.
Benoît Le Maux, (2007). "Le choix de l'échantillon", Statistiques, logiciels et Enquêtes. Université de la Rennes 1, 2007, 21 p. Disponível em www.scholar.google.com

Chantal V., (2022). "Tout savoir sur la propagation des microbes", Marte 2020. Disponível :https://ici.radio- canada.ca/ohdio/premiere/emissions/penelope/segm ents/chronic/158683/virus-bacteria-microbes-contagion-coronavirus-covid19. Acedido em 04 de abril de 2022.

Claire A., (2022), "Novas entidades químicas: estamos a transgredir cegamente um limite planetário?" disponível em : https://fr.mongabay.com/2022/01/nouvelles-entites- chemicals-are-we-transgressing-blindly-a-planetary-limit/

Delphine B., (2014) "Fertilizantes, poluição agrícola perigosa?" Disponível em: https://www.futura- sciences.com/planete/questions-answers/pollution-fertiliser-dangerous-agricultural-pollution-5958/

Dr. Gerd f., (2000). Agricultura e desenvolvimento rural 1/2006.produtos químicos utilizados na agricultura-sãonecessários ousupérfluos?Disponível em https://www.rural21.com/fileadmin/_migrated/conte nt_uploads/ELR_Les_produits_chimiques_utilises_e n_agriculture_0106.pdf

FAO, (2005). composting method", maio de 2005. Disponível em: https://www.fao.org/3/y5104f/5104f05.htm.
Acedido em 25 de abril de 2022.
MARNDR, (2008). "Inquérito Comunitário 2008 do Geral da Agricultura". Disponível em: http://agriculture.gouv.ht/statistiques_agricoles/Enq.html.
Acedido em 01 de fevereiro de 2022.
MTPTC, (2010), "Elaboration d'une politique stratégique de gestion of déchets for the Port-au-

Prince metropolitan region". Disponível em : http://ciat.bach.anaphore.org/file/misc/353_201012_ port-au-prince_dechet_resume_executif.pdf

Programa das Nações Unidas para o Ambiente (2001) "How composting can reduce our impacto no planeta" julho de 2021. Disponível em: https://www.unep.org/fr/actualites-et-recits/recit/how-composting-can-reduce-our-impact-on-the-planet. Acedido em 31 de janeiro de 2022

PAPA M. D., (2021). "Estudo de viabilidade para a implementação de uma unidade de compostagem na Ensa". " Disponível em https://cdn.sei.org/wp- content/uploads/2021/03/estudo-de-viabilidade-para-instalação-de-uma-unidade-de-compostagem-a-ensa-1-compressed.pdf.

Plateforme-Re-Sources, (2015). "Técnicas de compostagem de resíduos orgânicos.

África e Caraíbas", 12 páginas.

Soil, (2008). "Soil Science News", disponível em: https://sites.google.com/ncsu.edu/soilscienceinfo/. Acedido em 12 de dezembro de 2021.

Tristan G., (2022). "How much waste is produced in the world", Statista, março de 2022. Disponível em: https://fr.statista.com/infographie/27143/quantite-de-resíduos-municipais-gerados-por-habitante-por-país/. Acedido em 10 de abril de 2022.

LISTA DE APÊNDICES

APÊNDICE I- FICHA DE INQUÉRITO I

Faculdade de AgronomiaUniversidade Chrétienne du Nord d'Haïti (FAUCNH)

"Análise dos impactos socioeconómicos e ambientais da produção de composto, caso da Haiti Compost Business (HCB) na zona de Carrefour des pères, 3ª secção comunal Génipailler, comuna de Milot durante 2018 a 2021"

Elaborado por Juterson PHANORD

País	: Haiti	Departamento	: Norte
Município	: Milot	Secção comunal	Genipailler
Bairro	: Carrefour des pères		
Data do inquérito	: ...../.........../........	Sem ficha	: ....

A) Informações sobre os inquiridos (residentes e clientes locais)

Nome completo

Sexo: M

Idade

Estado civil Solteiro Casado divorciado Coabitante

Nível de ensino Analfabeto Primário Secundário Universitário Atividade(s) profissional(ais) :

Número de pessoas

Raparigas,

Rapazes

Caixa: Madeira e chapa de metal Bloco e chapa de metal

Eletrificação

Gerador EDH Painéis solares Nenhum Outro . Abastecimento de água: Rede Poço nascente Fonte

B) Aspectos socioeconómicos do sistema de compostagem

1) Já ouviu falar do Haiti Compost Business? Se sim, desde quando?

a) Sim, desde que. b) Não

2) Quais são os problemas que enfrenta com os resíduos?

R=
Tem conhecimentos sobre gestão de resíduos? Sim
Se sim, o que é que sabe sobre isso?

3) Tem consciência dos efeitos dos resíduos no ambiente? Sim

4) Qual é o seu interesse em incentivar a existência do Haiti Compost Business?
Económico
Ambiental
Social
Outro(Especificar).

5) Já contribuiu para o trabalho da HCB? Sim
Em caso afirmativo, como?

6) Utiliza o composto da Haiti Compost Business? Sim Não Se sim, como é que recebe este composto? Doação
Troca
Outros (especificar).
Se não, porquê?
Financeiro
Falta de
Falta de eficiência
Outros (especificar).
7) Como é que o trabalho da HCB o afecta?
Nenhum
Odor dos resíduos
Outro (especificar).

8) Já beneficiou de alguma coisa da HCB? Sim Não Se sim, como?
Formação
Doação de composto
Outros (especificar).

C) Avaliação dos utilizadores de composto

10) Que tipo de culturas pratica?

Camadas	Culturas	Floricultura	Jardins de mercado	Culturas alimentares	Industrial
Clientes externos					
Residentes locais					

11) Que tipo de agricultura pratica?

Horta Campo aberto Outro (especificar)

12) Qual é o objetivo desta cultura?
Vendas
Embelezamento
Consumidor
Outro (especificar)...
13) Há quanto tempo utiliza este composto?

Clientes externos.

Residentes locais

14) Consegue distinguir entre este composto e os fertilizantes químicos?

Camadas	Nível de eficiência	Composto	Fertilizantes químicos
Clientes externos	Mais eficiente		
	Menos eficiente		
Residentes da zona	Mais eficiente		
	Menos eficiente		

15) Qual o seu grau de satisfação com o composto antes e durante a utilização?

Camadas	Nível de avaliação	Antes de	Para
Clientes externos	Não satisfatório		
	Satisfatório		
	Muito satisfatório		
Viver na zona	Não satisfatório		
	Satisfatório		
	Muito satisfatório		

Comentários pessoais

APÊNDICE II- FICHA DE INQUÉRITO II

Faculdade de Agronomia, Université Chrétienne du Nord d'Haïti

"Análise dos impactos socioeconómicos e ambientais da produção de composto, caso da Haiti Compost Business (HCB) na zona de Carrefour des pères, 3ª secção comunal Génipailler, comuna de Milot durante 2018 a 2021"

Elaborado por Juterson PHANORD

País	: Haiti	Departamento	: Norte
Município Bairro Data do inquérito	: Milot : Carrefour des pères : ....../............/.........	Secção comunal Sem ficha	Genipailler : ....

D) Informação do inquirido (Empresa)

Nome completo

Género: M

Idade

Estado civil

Individual

Casado divorciado

Coabitação

Nível de educação

Analfabeto Primário Secundário Universitário Atividade (s) profissional (is):
Número de
Raparigas,
Rapazes

Função na empresa:...

A) Aspectos socioeconómicos do sistema de compostagem

16) Como é que influencia os outros a gerir corretamente os resíduos?
Formação
Motivação pessoal Outra (especificar).
17) Quantas toneladas ou quilos de composto produziu de 2018 a 2021?

	Ano Destino	Fabricado em	Entregue	Não	Outros Especificar ( )
	2018				
	2019				
	2020				
	2021				
	Total				

18) Quanto é que gastou na empresa em cada ano?

Artigos	Custo unitário	Custo total	Funções
Total			

19) Qual é a taxa anual de anuidade que ganhava para a empresa?

Artigos	Custo	Outro (especificar).................
Total		

E) Categorização dos resíduos

20) Quais são os diferentes locais onde se encontram os resíduos, de acordo com a quantidade? Restaurantes domésticos No
Nos
Outros: especificar ()

21) Como são recolhidos os resíduos?
R=

22) Que tipos diferentes de resíduos são recolhidos em cada local?

Tipos de resíduos	Origens	Jardim	Agregados familiares	Restaurantes	As ruas	Outros a especificar

23) Que tipo de resíduos é mais dominante na recolha, de acordo com a sua natureza?
Não degradável biodegradável
Outros (Especificar)

24) Quais são os diferentes tipos de equipamento utilizados para fazer este composto, como são utilizados e quais são as suas funções?

Equipamentos e ferramentas utilizado utilizado	Estádio	Funções	Outros a especificar(.)

25) Como é que os resíduos são transportados para o local de compostagem?

Tipos de resíduos / Recursos transporte	Os resíduos verdes	Os resíduos castanhos	Os resíduos provenientes de residências.	Outros
Manuel				
Carrinho de mão				
Motociclo				
Automóvel				

26) O que acontece aos resíduos não degradáveis?
Organizações de tratamento de resíduos

Reciclar

Queima no local

Outros (especificar).

F) Descrição dos parâmetros de decomposição

27) O que é que torna o processo de compostagem mais lento?
Falta de manutenção Demasiada exposição ao sol Outra (especificar).

28) Que equipamentos e instrumentos são utilizados para verificar o nível de decomposição?
Termómetro
Madeira natural
Outros (especificar).
29) O que é que pode ajudar os materiais a decomporem-se mais rapidamente?
Fermentação
Desvio regular
Matéria fina
Rega Outros (especificar).

30) Qual é o prazo para as várias entrevistas?

Tipos de entrevista	Intervalo de tempo	Funções

ANEXO II - RESULTADOS DA ANÁLISE QUÍMICA DO COMPOSTO

Resultados dos testes de solos

Nome: Phanord 'Pre.name; Juterson
Tipo de amostra: Compo

Oate Débito direto: 7/3/2022

Data do teste: 9/3/2022

Local de amostragem: C:.1ffour des père (Milotl

	Resultados	V,,/1,e-d-mnu,	Conversi<m-nppm	Comr.e-r.!àiimKn/J,g	..mmtMIIIH
pH	5.				
Condutividade	4 .74	ms/cm			
Al.Ote	200	lb/aue	100	224,17	
PhO'>ohor	1 100	lb/acre	seu	112,08	
Potássio	400	lb/acre	200	448,34	
Cálcio	2800	ppm	2800	6276,B	
Magneslum	Muito baixo				
Ml!tieres Orgânico	5	H alto			

Fveall e r,atC7f'Sn e,. "' tL
T "imki 11Labol "i!toire

Approuvé par: Jean Magnus Régis
Directeur des Opérations

APÊNDICE IV - RESULTADOS DA ANÁLISE MICROBIOLÓGICA DO COMPOSTO

iF

Rapò Analiz Mikrobioloji Konpòs - iF Fondasyon

Echantiyon: konpòs

Dat yo Kolekte li: 7/3/2022

Dat yo obsève li: 7/3/2022

Non Obsèvatè: Gesner Vil

Non Kliyan: Phanord Juterson

Plant ki sou tè a kounye a: N/D

Plant yo vle genyen apre: N/D

C: B Relasyon Biomas (Chanpiyon/Bakteri): 0.010

Nòt:

Prezans matye òganik, spores fongiques, Acid fulvic, Aggregation humic

	# Pou chak gram ou ml konpòs	Mikwoganis pou chak gram ou ml konpòs
Bakteri	27,072,000,000	54144

	Longè nan Cm	Mikwoganis pou chak gram ou ml konpòs
Aktinobakteri	648	1
Chanpiyon	2,867	534
Oumysèt	1,242	72

Pwotozoyè	# Pou chak gram ou ml konpòs
Flajèl	0
Amib	96,000
Silya	24,000

Nematod	# Pou chak gram ou ml konpòs
Bakteri	2
Chanpiyon	
Predatè	1
Parazit	
Total Nematod Konte	600,00

ANEXO V-FOTOS

Inquérito informal

Local de recolha de plásticos

Medição da temperatura do composto HCB

Recolha de amostras para análise

Fermentação de pilhas de composto no local de compostagem

Embalagem de composto para entregas

MIX
Papier aus verantwortungsvollen Quellen
Paper from responsible sources
FSC® C105338

Printed by Books on Demand GmbH, Norderstedt / Germany